国家职业技能等级认定培训教材

陶瓷原料准备工

（基础知识）

本书编审人员

主　编　陆小荣
副主编　毛　瑞
编　者　陆小荣　毛　瑞　陆旻瑶　徐利华　黄春娥
主　审　杨德林　王　超

中国人力资源和社会保障出版集团

中国劳动社会保障出版社

图书在版编目（CIP）数据

陶瓷原料准备工：基础知识 / 人力资源社会保障部教材办公室组织编写 . -- 北京：中国劳动社会保障出版社：中国人事出版社，2021

国家职业技能等级认定培训教材

ISBN 978-7-5167-5059-9

Ⅰ. ①陶… Ⅱ. ①人… Ⅲ. ①陶瓷－原料－职业技能－鉴定－教材 Ⅳ. ①TQ174.4

中国版本图书馆 CIP 数据核字（2021）第 189289 号

中国劳动社会保障出版社
中 国 人 事 出 版 社 出版发行

（北京市惠新东街 1 号 邮政编码：100029）

*

三河市华骏印务包装有限公司印刷装订 新华书店经销

787 毫米 ×1092 毫米 16 开本 14.5 印张 237 千字

2021 年 10 月第 1 版 2021 年 10 月第 1 次印刷

定价：42.00 元

读者服务部电话：（010）64929211/84209101/64921644

营销中心电话：（010）64962347

出版社网址：http：//www.class.com.cn

前　言

为加快建立劳动者终身职业技能培训制度，大力实施职业技能提升行动，全面推行职业技能等级制度，推进技能人才评价制度改革，进一步规范培训管理，提高培训质量，人力资源社会保障部教材办公室组织有关专家在《陶瓷原料准备工国家职业技能标准（2019年版）》（以下简称《标准》）制定工作基础上，编写了陶瓷原料准备工国家职业技能等级认定培训教材（以下简称等级教材）。

陶瓷原料准备工等级教材紧贴《标准》要求编写，内容上突出职业能力优先的编写原则，结构上按照职业功能模块分级别编写。该等级教材共包括《陶瓷原料准备工（基础知识）》《陶瓷原料准备工（五级　四级　三级）》《陶瓷原料准备工（二级　一级）》3本。《陶瓷原料准备工（基础知识）》是各级别陶瓷原料准备工均需掌握的基础知识，其他各级别教材内容分别包括各级别陶瓷原料准备工应掌握的理论知识和操作技能。

本书是陶瓷原料准备工等级教材中的一本，是职业技能等级认定推荐教材，也是职业技能等级认定题库开发的重要依据，适用于职业技能等级认定培训和中短期职业技能培训。

本书由无锡工艺职业技术学院陆小荣任主编、广东岭南职业技术学院毛瑞任副主编，参加编写的人员还有陆旻瑶、徐利华、黄春娥等。本书由河南省玻璃陶瓷行业管理协会杨德林、无锡工艺职业技术学院王超主审。

本书在编写过程中得到中国陶瓷工业协会、无锡工艺职业技术学院、广东岭南职业技术学院、江西陶瓷工艺美术职业技术学院、泉州工艺美术职业学院、河南省玻璃陶瓷行业管理协会、江苏拜富科技股份有限公司、广西三环企业集团股份有限公司、江苏高淳陶瓷股份有限公司等单位的大力支持与协助，在此一并表示衷心感谢。

人力资源社会保障部教材办公室

目　录 CONTENTS

职业模块 1
职业道德

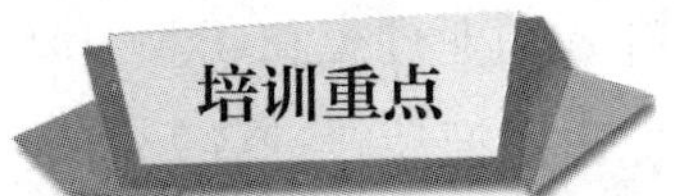

了解社会主义职业道德的核心思想和指导原则。

了解公民职业道德规范的基本内容。

了解陶瓷行业职业守则。

培训项目 1 职业道德基本知识

一、职业道德概述

1. 职业道德的内涵

道德是区别人和动物的一个重要标志，是一定社会、一定阶级向人们提出的处理人与人之间、个人与社会之间、个人与自然之间各种关系的一种特殊行为规范。道德不是由国家强制执行的，而是依靠社会舆论、人们的良知、教育感化、典型示范等先唤起人们的知耻心，再培养人们的道德责任感和善恶判断能力。

职业道德是道德体系中一个重要的组成部分，它是指从事一定职业劳动的人们，在特定的工作和劳动中以内心信念和特殊社会关系来维系的，以善恶进行评价的心理意识、行为原则和行为规范的总和，它是人们在从事职业的过程中形成的一种内在的、非强制性的约束机制。它是职业范围内的特殊道德要求，是一般社会道德在职业生活中的具体体现。它是所有从业人员在职业活动中应该遵循的行为准则，涵盖了从业人员与服务对象、职业与职工、职业与职业之间的关系。

我国自新中国成立以来，在经历了半个多世纪的发展和社会主义道德建设实践后，逐渐形成了较为完整的职业道德体系。社会在进步，因而对广大从业人员的职业观念、职业态度、职业技能、职业责任、职业纪律、职业理想和职业作风的要求也越来越高。《新时代公民道德建设实施纲要》提出：推动践行以爱岗敬业、诚实守信、办事公道、热情服务、奉献社会为主要内容的职业道德，鼓励人们在工作中做一个好建设者。

职业道德在道德体系中占有重要地位，建立和完善科学的职业道德体系，在全社会各行各业从业人员中开展职业道德教育，培养良好的职业道德品质，具有重大意义。

2. 社会主义职业道德的核心思想和指导原则

（1）社会主义职业道德的核心思想。社会主义职业道德的核心思想是为人民服务，在社会主义市场经济所有职业活动中，都要以为人民服务为核心。自觉地为人民服务是社会主义职业道德区别于其他社会形态“职业道德”的本质特征。

商品本身包含着为他人服务的属性。不管生产者的主观动机和目的如何，如果生产的产品、经营的商品或服务项目不能首先满足社会和广大消费者的需求，那么生产者所追求的利润就不能很好实现。在社会主义市场经济体制下，企业应当自觉地服务人民、奉献社会。

社会主义社会的从业人员既是服务者，也是被服务的对象。这是因为从本质上讲，社会主义市场经济活动中的广大劳动者仍然是国家的主人，每位劳动者既要主动为他人服务，又要享受他人的服务，要大力提倡“我为人人，人人为我”的道德风尚。在社会主义市场经济建设中，每一位从业人员无论处在什么岗位，无论职务大小，都要自觉地为人民服务。

社会主义市场经济建设需要以为人民服务为核心思想的社会主义职业道德的支持，以为人民服务为核心思想的社会主义职业道德能极大地促进社会主义市场经济的健康发展。

（2）社会主义职业道德的指导原则。集体主义是社会主义职业道德的指导原则，它集中反映广大劳动者的根本利益，也是正确处理个人利益、集体利益、国家利益的基本原则。在社会主义制度下，个人利益与集体利益、国家利益在根本上是一致的，也就是说，个人利益、集体利益、国家利益应统筹兼顾、和谐发展。从业人员在进行职业活动过程中，其个人利益与集体利益、国家利益可能会发生矛盾和冲突，要正确处理好这三者之间的关系，要牢记集体利益服从国家利益，个人利益服从集体利益和国家利益的原则。

二、行业职业道德的作用

1. 规范行业的职业活动和从业人员的职业行为

职业道德的主体是职业道德规范，它是协调劳动者关系、个人与集体关系、单位与个人关系的准则，也是规范从业人员职业行为的准则。行业的职业道德规范是统一确定的，能规范本行业的职业活动和劳动者的职业行为，最终达到维护正常生产经营活动的目的。

2. 指导从业人员树立正确的从业观念

行业职业道德指导从业人员树立“讲究产品质量和服务质量，注重信誉，文明生产，确保职业活动安全卫生”的从业理念。广大从业人员要按照行业职业道德规范要求的去做，在工作中严格要求自己，自觉抵制玩忽职守、野蛮作业、不顾劳动安全、不顾产品和服务质量的不良工作作风。

3. 促进企业文化建设

行业职业道德是企业文化的重要组成部分，良好的企业文化建设要把职工的行业职业道德教育放在首位。实现企业价值观和发展战略目标的主体是职工，开展行业职业道德教育不仅对提高职工的科学文化素质和职业技能具有推动作用，还可以增强职工的凝聚力和组织纪律性，提高职工的服务质量和劳动生产率。企业形象是企业文化的综合表现，营造良好的职业道德氛围有利于塑造企业的良好形象，良好的企业作风和企业礼仪也可以体现职工的职业道德水平。

4. 促进良好社会道德风尚的形成

社会主义道德建设离不开行业职业道德建设，高尚的行业职业道德可以促进良好社会道德风尚的形成。

三、公民职业道德规范

爱岗敬业、诚实守信、办事公道、热情服务、奉献社会是我国每个从业人员都应遵守的公民职业道德规范。

1. 爱岗敬业

爱岗敬业作为最基本的职业道德规范，是对人们工作态度的一种普遍要求，是中华民族传统美德和现代企业发展的要求。爱岗就是热爱自己的工作岗位，热爱本职工作；敬业就是要用一种恭敬严肃的态度对待自己的工作。

2. 诚实守信

诚实守信是做人的基本准则，也是社会道德和职业道德的一项基本规范。诚，就是真实不欺，言行和内心思想一致，不弄虚作假；信，就是真心实意地遵守、履行诺言。诚实守信就是真实不欺、遵守承诺的品德及行为。诚实守信体现道德操守和人格力量，也是具体行业、企业立足的基础，具有很强的现实针对性。

3. 办事公道

办事公道是对人和事的一种态度，也是千百年来人们所称道的职业道德规范。公道就是处理事情坚持原则，不偏袒任何一方。办事公道强调在职业活动中应遵从公平与公正的原则，要做到公平公正、光明磊落。

4. 热情服务

热情服务就是以积极主动的态度和群众乐于接受的方式全心全意地为群众服务。在社会生活中，人人都是服务对象，人人又都为他人服务。热情服务作为社会主义职业道德的基本规范，是对所有从业人员的基本要求。热情服务要求从业人员在职业活动中想客户之所想、急客户之所急，创新服务内容，完善服务方法，提高服务水平，关注每一个细节，令每位客户满意。

5. 奉献社会

奉献社会就是积极自觉地为社会做贡献。奉献，就是不论从事何种职业，从业人员的目的不是为了个人、家庭，也不是为了名和利，而是为了有益于他人，为了有益于国家和社会。正因如此，奉献社会是社会主义职业道德的本质特征。社会主义建立在以公有制为主体的经济基础之上，广大劳动人民当家做主。因此，社会主义职业道德必须把奉献社会作为从业人员重要的道德规范，作为从业人员根本的职业目的。奉献社会并不意味着不要个人的正当利益，不要个人的幸福。恰恰相反，一个自觉奉献社会的人才能真正找到个人幸福的支撑点，个人幸福可以在奉献社会的职业活动中体现出来。

培训项目 2 陶瓷行业职业守则

陶瓷行业职业守则为“遵纪守法、安全生产，节能环保、持续发展，爱岗敬业、团结协作，创新进取、精益求精”。

一、遵纪守法、安全生产

1. 遵纪守法

遵纪守法是每个公民的基本义务。从业人员遵纪守法是职业活动正常进行的基本保证，也是发展社会主义市场经济的客观要求，每一位从业人员都要遵守职业纪律和国家法律法规，尤其要遵守与职业活动相关的法律法规。职业纪律是指在特定的职业活动范围内，从事某种职业的人们必须共同遵守的行为准则，它包括劳动纪律、组织纪律等基本纪律要求。职业纪律在调节从业人员与他人、与集体、与社会的关系方面起着重要作用。职业纪律具有一定的强制性，表现在以下两点：一是要求从业人员遵守、执行职业纪律，履行自己的职责；二是如果从业人员因违反职业纪律而造成一定后果，则要追究其相应的责任。国家法律法规一方面要靠国家强制力来保证实施，另一方面要靠人民群众自觉遵守，二者结合起来，才能有效地保证国家法律法规的贯彻实施，才能保证安定团结的政治局面，才能共同构建和谐社会。

要做到遵纪守法，陶瓷原料准备工必须认真学习法律法规知识，树立法制观念，同时了解职业纪律、岗位规范等，并严格要求自己，把外在的约束力内化为个体自主自愿的需要，把“要我做”逐步转变为“我要做”，做到“从我做起，从小事做起，从现在做起”，在实践中培养遵纪守法的良好道德品质。

2. 安全生产

安全生产是企业的生命线，走好安全生产的每一步，对陶瓷行业来说尤为重要。安全生产是陶瓷原料准备工应该遵守的最基本的职业守则。抓好安全生产要从细节抓起，对隐患排查要细致入微，不留空白；对安全生产管理要细心精心，尽职尽责；对安全生产责任要细化，落实到岗位、个人。如果不从细微处抓安全生产，不把安全生产工作做深、做细、做实，则极易导致更大的生产安全事故发生。安全生产人人有责，任何事故的发生都有一定的先兆，也都有一个渐进的过程，在这一过程中，只有每位职工时刻提高警惕，超前思考，在工作中专心、细心、有责任心，规范执行各个操作程序，及时消除各类安全隐患，才能最大限度地减少事故发生的可能性。

陶瓷原料准备工在工作中应严格遵守本单位的安全生产规章制度和技术操作规程，服从管理，正确佩戴和使用劳动防护用品。陶瓷企业应为职工定期提供安全生产教育和培训，使其掌握本职工作所需的安全生产知识，提高安全生产技能，增强事故预防和应急处理能力。陶瓷原料准备工在工作中若发现事故隐患或者其他不安全因素，应立即向现场安全生产管理人员或者本单位负责人报告；现场安全生产管理人员或者本单位负责人接到报告应及时处理，并修订和完善安全生产制度。

二、节能环保、持续发展

人类在向自然界索取、创造财富时，不能以牺牲生存环境为代价，要走节能环保、持续发展的道路，开展节能减排工作，发展低碳经济，国家、企业、个人在其中都应发挥相应的作用。

在国家层面，应坚持实施节约资源、保护环境的基本国策，实施可持续发展战略，贯彻落实科学发展观；完善相关的法律法规，严惩破坏环境、浪费资源的违法行为；正确处理经济建设与环境保护的关系，大力发展低碳经济，推广节能减排技术；大力宣传保护环境、节约资源、可持续发展的重要性，提高人们节约资源、保护环境的意识。

在企业层面，应贯彻落实节约资源、保护环境的基本国策，以及可持续发展战略、科教兴国战略，自觉遵守相关的法律法规、规章制度，规范生产经营行为；在生产中重视技术创新，完善经营管理制度，使能耗、“三废”排放符合国家标准。陶瓷企业在生产时要重视资源的节约和环境的保护，使生产与资源、环境相协调，实现持续发展，尽到对子孙后代、对社会的责任。

在个人层面，应增强法制观念，树立循环利用资源、保护环境的意识，从我做起，做节能环保的践行者。陶瓷原料准备工一方面应努力提高自身的技能水平，严格执行操作规程，避免因操作不当而对环境造成污染；另一方面应敢于对浪费资源、破坏环境的行为进行制止和举报。

三、爱岗敬业、团结协作

1. 爱岗敬业

爱岗敬业是全社会大力提倡的职业道德规范，是国家对广大从业人员职业行为的共同要求，是每位从业人员都应遵守的职业守则。爱岗体现为热爱自己的本职工作，能够为做好本职工作尽心尽力，是从业人员做好本职工作的思想基础和精神动力；敬业体现为用恭敬的态度认真对待工作，在岗位上专心、负责，能够圆满地完成工作任务，是从业人员热爱本职工作的直接反映。提倡爱岗敬业，就是提倡不管在什么岗位，不管干多长时间，都要认真负责地做好本职工作。在个人的职业生涯中，工作单位可能会有变动，但个人对工作的态度要始终保持一致，做到勤勤恳恳、任劳任怨。在陶瓷行业，爱岗敬业的主要内容是热爱工作，安心工作，熟练掌握相应技能，能达到岗位要求，并能创造性地做好本职工作。

2. 团结协作

团结协作是指在人与人之间的关系中，为了实现共同的利益和目的，互相帮助、互相支持、取长补短、共同发展，它是中华民族的传统美德。团结协作有助于从业人员调节好人与人之间、部门与部门之间的关系，以及个人与集体之间的关系，从而激发巨大的工作热情和积极性，进而形成企业凝聚力，促进生产力发展，为企业创造更多的经济效益。“团结就是力量”，只有团结一心、共同奋斗，才能推进社会生产力的发展，创造美好生活。团结协作的基本要求是平等尊重、顾全大局、互相学习、加强协作。

从业人员应处理好团结与竞争的关系。在社会主义市场经济条件下，竞争必须是公平、公正、公开的，参与竞争的从业人员应在积极竞争的同时注意团结友爱，以获得共赢。从业人员还应处理好协作与分工的关系。在社会化大生产活动中，每位从业人员所在岗位都有明确的分工和目标责任，因此不仅要完成好本职工作，更要注重与其他岗位人员的协作，以实现共同的生产目标。

四、创新进取、精益求精

创新进取、精益求精是对从业人员提出的业务技术水平方面的职业守则。

1. 创新进取

创新进取不仅是企业持续发展的动力，而且是推动社会进步的有效途径。在高速发展的互联网时代，创新进取已成为企业和个人发展的重要精神元素。创新进取是一个动态过程，要勇于实践，敢于开拓。墨守成规谈不上创新进取，光说不干很难创新进取。该解决的问题解决不了，是缺乏创新进取精神的表现。

从业人员必须发扬创新进取精神，要善于学习，不断用新知识代替旧知识，大胆探索推进工作发展的新思路、新办法，勇于革除阻碍工作发展的陈旧观念，展示求新求变、向前向上的精神状态，使自己的思想观念、业务能力跟上时代前进和行业发展的步伐，求真务实，以实际行动在工作中有所作为。

2. 精益求精

随着各个领域科学技术的飞速发展，各个岗位对从业人员的素质要求也越来越高。从业人员在掌握业务知识和技能方面有“知、会、熟、精”四个层次，在达到“精”这个层次后，还要精益求精，这是从业人员成就一番事业的重要法宝。

要做到精益求精，首先要端正工作态度。尽管陶瓷原料准备工从事的是普通工作，但要对产品和工艺有极致的追求，要沉下心来、耐住寂寞，打造行业优质产品。

要做到精益求精，其次要勤学苦练、坚持不懈。知识和技术在不断更新，陶瓷原料准备工要及时掌握最新的行业动态和前沿技术，不断强化专业知识的学习，全面提高业务水平，努力向复合型人才发展，做到“一专多能”。

思 考 题

1. 职业道德的含义是什么?
2. 社会主义职业道德的核心思想和指导原则是什么?
3. 行业职业道德的作用是什么?
4. 公民职业道德规范的基本内容有哪些?
5. 简述陶瓷行业职业守则。

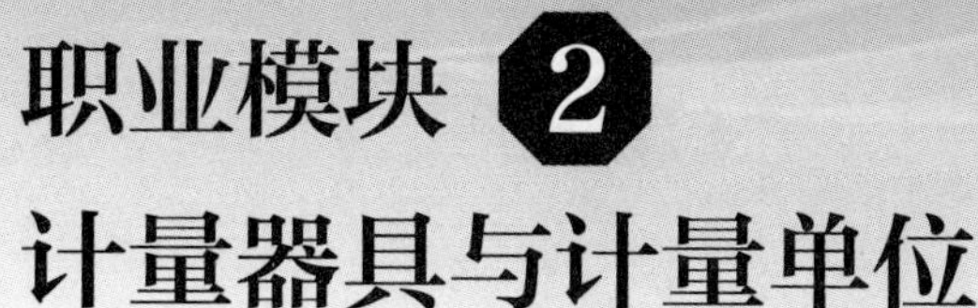

职业模块 2 计量器具与计量单位

了解计量器具的种类与使用知识。

了解常用的法定计量单位及其换算方法。

培训项目 1　计量器具

一、计量器具的种类

在进行配料操作时必须先称量物料的质量，测定物料水分。陶瓷原料准备工使用的计量器具主要有天平、台秤、磅秤、装载机电子秤等。为了使计量器具处于正常完好的状态，保证计量结果准确可靠，操作人员应正确、规范地使用计量器具，并做好日常维护保养工作。

1. 天平

常用的天平有机械天平、电子天平等，如图 2–1 所示。

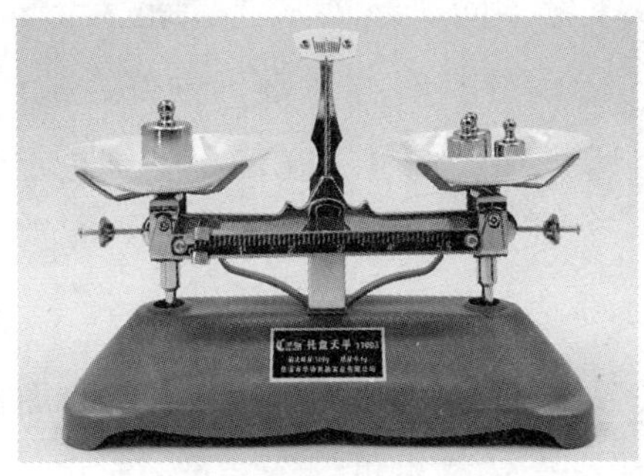

a)

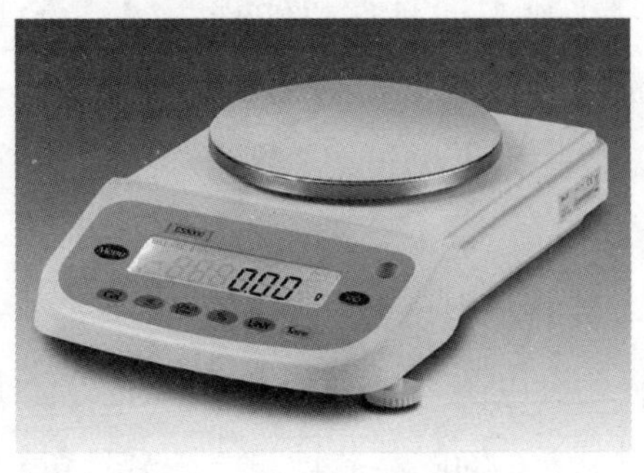

b)

图 2–1　天平

a）机械天平　b）电子天平

（1）机械天平。机械天平根据杠杆原理制成，在杠杆的两端各有一个小盘，右端摆放已知质量的砝码，左端摆放被测物品，杠杆中间装有指针，当两端平衡时指针指向中心位置，被测物品的质量与砝码的质量相等。机械天平按照用途分为检定天平、分析天平、精密天平和普通天平。

（2）电子天平。电子天平是传感技术、模拟电子技术、数字电子技术和微处理器技术发展的综合产物，具有自动校准、自动显示、去皮重、自动数据输出、自动故障寻迹、超载保护等多种功能。电子天平的准确度高，稳定性好。当在电子天平的秤盘上加上被测物品时，传感器的位置检测器信号会发生变化，经过内部信号及数据的处理，最后由显示器自动显示被称物料的质量。

2. 台秤

陶瓷企业常用的台秤为电子台秤，如图 2–2 所示，它具有自重轻、移动方便、功能多等特点。电子台秤一般由称重台面、秤体、称重传感器、称重显示器、运算放大器、单片微处理器、稳压电源等组成。称量时，被测物品质量通过称重传感器转换为电信号，再由运算放大器放大并经单片微处理器处理，以数码形式在称重显示器上显示出称量值。使用电子台秤时可将其按需放置，如放置在坚硬的地面上或基坑内。电子台秤除具有称重、去皮重、累计称重等功能之外，还可与执行机构联机，通过设定称量时的上下限即可控制加料速度，并作为小包装配料秤或定量秤使用。

图 2–2　电子台秤

3. 磅秤

常用的磅秤有机械磅秤和电子磅秤，如图 2–3 所示。磅秤一般称量体积和质量比较大的东西。磅秤与台秤除了外观不同，还能从称量范围上进行区分，磅秤的称量范围要比台秤更大些。电子磅秤具有称量准确性好、操作稳定性好、故障率低的特点，如果增加外接打印机和显示器，在使用上则更加简单、便捷。

4. 装载机电子秤

装载机电子秤是一种与装载机配套使用，对其装载的散料进行称量的计量设备，可用于车辆的装载计量、限载计量，可动态计量也可静态计量。它由传感器、称重仪表等组成。其中，称重仪表具有显示日期和时间，以及去皮、调零、存储数据和信息等功能。

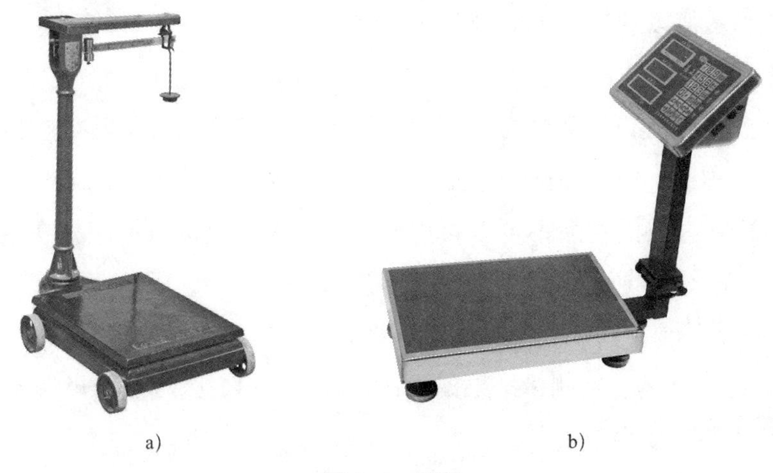

a)　　　　　　b)

图 2-3　磅秤

a）机械磅秤　b）电子磅秤

装载机电子秤与装载机的机械控制部分集成为一体，在装载机行进中实现称重。装载机电子秤通过一个接近开关对预先设定的称量位置进行监测，将液压转换为铲斗的载荷而实现称重。装载机电子秤有累加工作模式和目标工作模式，可以自动将载荷进行累加，或将载荷从目标设定值中扣除。

二、计量器具的使用知识

1. 普通天平的使用知识

普通天平的精确度不高，一般由托盘、指针、横梁、标尺、游码、砝码、平衡螺母、分度盘等组成。普通天平的最小分度值一般为 0.1 g 或 0.2 g。使用普通天平时的注意事项具体如下。

（1）使用前要将普通天平放置在水平的地方。

（2）使用前要将游码归零，并通过平衡螺母将普通天平调试至左右平衡。注意，平衡螺母要向相反的方向调。

（3）检查普通天平的量程，被测物品的质量不能超过量程上限，或低于游码的最小刻度。

（4）不能用手拿砝码，要用镊子夹取并轻拿轻放，也不能将砝码弄湿、弄脏，否则砝码质量会因腐蚀生锈而发生变化，导致测量结果不准确。游码也要用镊子拨动。

（5）称量时注意左物右码（左边放被测物品，右边放砝码）。

（6）添加砝码时，先加接近被测物品质量的大砝码、再加小砝码，先加减砝码、再移动游码，直至指针再次对准中央刻度线。

（7）游码示值以左边对齐的刻度线为准，被测物品的质量等于砝码质量与游码示值之和。

（8）易潮解的物品和化学物品不能直接放在托盘中，可将其放在玻璃器皿或洁净的纸片上称量，但应在同一天平上先称量玻璃器皿或纸片的质量，再称量被测物品；过冷或过热的物品不可以直接放在普通天平上称量，应先在干燥器内放置至室温后再称量（或放在特殊器皿中称量）。

（9）称量完毕要把游码归零，用镊子将砝码放回砝码盒。

（10）若砝码生锈，则测量结果偏小；若砝码磨损，则测量结果偏大。

2. 电子天平的使用知识

电子天平是通过测量物品作用于秤盘上的重力来确定其质量的，正确使用对保证数据结果准确至关重要，通常在使用时要注意以下几个方面。

（1）称量室环境卫生的保持。要保持称量室的清洁，一旦被测物品撒落，应及时用软布或刷子小心地清除干净。

（2）电子天平的放置。电子天平要放置在稳固的工作台上，避免气流波动、温度变化以及阳光直射、振动、静电等环境因素带来影响。不要将电子天平与干燥箱、马弗炉、振动台等混放一起，否则极易出现不稳定或无法称重的现象。

（3）电子天平的水平调整。电子天平正确放置后，向左或向右旋转前面的地脚螺栓，直至水平仪内的气泡正好位于圆环的中央。

（4）电子天平的预热。电子天平必须通电预热后才能使用，预热的目的是让其在预热时间内进行机械性自检、环境温度监测和存储自检，从而保证系统的正常、稳定。电子天平的预热时间是有明确要求和限制的，电子天平精度越高，预热时间的要求越严格。最好不要在预热状态下使用电子天平。

（5）电子天平的称量。称量易挥发和具有腐蚀性的物品时，要将其盛放在密闭的容器内，以免腐蚀电子天平。避免外力对秤盘造成冲击，严禁电子天平过载。放入秤盘的被测物品温度不宜太高（不超过 70 ℃），以免损坏电子天平。

（6）电子天平的校准。电子天平在使用前必须先校准，电子天平的校准方式分为内部校准和外部校准。内部校准是指电子天平内部安装了砝码，可以自动校准。外部校准是指人工在电子天平外部使用砝码进行校准。当电子天平断电、转移或长时间未使用后，都要对其进行校准，校准时应规范操作。有的使用人员认为，电子天平每年都由计量检定机构进行检定，在合格有效期内的电子天平就是合格、准确的，其实不然。计量检定机构按照《电子天平》（GB/T 26497—2011）

的检验规则对电子天平的计量性能进行评判，检验电子天平是否符合使用要求，并出具合格证书，但在日常使用过程中，电子天平的准确性需要使用人员进行校准，二者不可相互替代。

3. 电子台秤的使用知识

（1）使用前准备

1）正确摆放。在正常情况下，电子台秤应摆放在水平、稳固的台面上，尽量远离振动源，如果台面倾斜或摇晃会影响电子台秤的读数。

2）调整水平的方法。初次安装或移动电子台秤后，需要先调整水平，主要通过秤脚高度进行调整，使气泡位于中心圆圈内即可，调整后要拧紧秤脚上的锁定螺母。

（2）使用环境和使用方法。请勿在潮湿或腐蚀环境下使用电子台秤，不可将电气部分浸入液体中，使用时应避免阳光直射，避风口、避振动，使用环境的温度范围宜在 −10 ~ 40 ℃。

做好使用前的准备工作后就可以开始正常使用：接通电源，打开电源开关，电源要求为 AC 100 ~ 240 V；按开机键 2 s，显示器上有数值显示，等数值稳定后，按调零键；在称量前先预热 15 min，再根据使用需要，按各功能键进行称量；称量完毕，关闭电源开关，拔下电源插头。

（3）日常维护保养

1）每天清洁电子台秤的秤体，称量结束应关闭电源。当设备出现问题时必须通知专业维修人员。

2）在做日常维护保养工作时，也必须关闭电源，并将电源插头从电源插座中拔出，否则会导致触电事故或损坏电子台秤。绝对不允许用水冲洗秤体，可以用拧干的湿布擦拭秤体或秤盘。

3）电子台秤属于高精度仪器，应避免重物撞击。为了延长电子台秤的使用寿命，称量时要轻拿轻放被测物品，并尽可能将其放在秤盘中央，其质量不应超出电子台秤所标示的称量范围上限。

4. 磅秤的使用知识

（1）使用前准备。与电子台秤一样，在正常情况下，磅秤也应摆放在水平、稳固的台面上，并尽量远离振动源。检查秤砣是否齐全，其他部件是否完整。

（2）使用环境。请勿在潮湿或腐蚀环境下使用磅秤，不可将秤体部分浸入液体中。

（3）使用方法

1）称量前先进行空秤的平衡检查。将游砣移至零位，打开视准器，若平衡则标尺应在视准器内上下均匀摆动，且摆幅对称，若不平衡可调节平衡砣，直至平衡，然后关上视准器，准备称量。

2）将被测物品放在秤台上，在挂砣上加上适量的秤砣，观察标尺在视准器内上下摆动的情况，移动游砣使标尺平衡，然后读数。

3）称量完毕，将秤砣取下挂在砣架上。

（4）使用注意事项

1）为了延长磅秤的使用寿命，在称量时要轻拿轻放被测物品，并尽量将其放在秤台中央，被测物品质量不要超出磅秤所标示的称量范围上限。

2）秤砣及挂砣应妥善保管，切不可做其他用途，以防失去称量的准确性。游砣也应保持完整，切不可随意拆卸。对于杠杆臂比不同的磅秤，其秤砣不能互换使用。

3）磅秤的轮子是用于在平坦地面上做短距离移动的，搬运时必须采用抬或固定在车上运送的方式，防止损坏零部件。注意，搬运时不要抬杠杆、标尺或砣架等易折断的部位。

4）磅秤应专人保管、定期计量，切勿放在露天场所风吹雨淋，防止受潮生锈而失去准确性。

培训项目 2 计量单位

一、法定计量单位

法定计量单位是国家法律法规规定使用的计量单位。1984 年 2 月 27 日，《国务院关于在我国统一实行法定计量单位的命令》发布，国务院决定在采用先进的国际单位制（简称 SI）的基础上，进一步统一我国的计量单位。

我国的法定计量单位包括国际单位制的基本单位、国际单位制的辅助单位、国际单位制中具有专门名称的导出单位、国家选定的非国际单位制单位、由以上单位构成的组合形式的单位、由词头和以上单位所构成的十进倍数和分数单位。

以下介绍部分与陶瓷原料准备工工作相关的法定计量单位。

1. 国际单位制的基本单位（见表 2–1）

表 2–1　国际单位制的基本单位

量的名称	单位名称	单位符号
长度	米	m
质量	千克（公斤）	kg
时间	秒	s
电流	安［培］	A
热力学温度	开［尔文］	K
物质的量	摩［尔］	mol
发光强度	坎［德拉］	cd

2. 部分国家选定的非国际单位制单位（见表 2–2）

表 2–2 部分国家选定的非国际单位制单位

量的名称	单位名称	单位符号	换算关系和说明
时间	分	min	1 min=60 s
	［小］时	h	1 h=60 min=3 600 s
质量	吨	t	1 t=10^3 kg
体积	升	L	1 L=1 dm^3=10^{-3} m^3

二、词头

为了避免量的数值过大或过小，在单位中，还包括单位的十进倍数和分数单位，它们是将词头加在单位之前构成的。部分用于构成十进倍数和分数单位的词头见表 2–3。

表 2–3 部分用于构成十进倍数和分数单位的词头

所表示的因数	词头名称	词头符号	所表示的因数	词头名称	词头符号
10^6	兆	M	10^{-1}	分	d
10^3	千	k	10^{-2}	厘	c
10^2	百	h	10^{-3}	毫	m
10^1	十	da	10^{-6}	微	μ

使用十进倍数和分数单位的词头时，应注意以下几点。

1. 词头不能重叠使用，如没有毫微米这种说法，应用纳米（nm）；词头也不能单独使用，如 15 μm 不能写成 15 μ。

2. 10^4 称为万，10^8 称为亿，10^{12} 称为万亿，这类数词的使用不受词头名称的影响，但不应与词头混淆。

3. 十进倍数和分数单位的词头应正确选用，一般应使量的数值处于 0.1 ~ 1 000 的范围之内。例如：对于量 1.2×10^4 N，词头应选用 k，写成 12 kN，而不能选用 M，写成 0.012 MN；对于量 0.003 94 m，词头应选用 m，写成 3.94 mm；对于量 11 401 Pa，词头应选用 k，写成 11.401 kPa。

思 考 题

1. 陶瓷原料准备工使用的计量器具主要有哪些?
2. 电子天平的使用注意事项有哪些?
3. 电子台秤的日常维护保养应如何进行?
4. 磅秤的使用注意事项有哪些?

职业模块 3
陶瓷原料知识

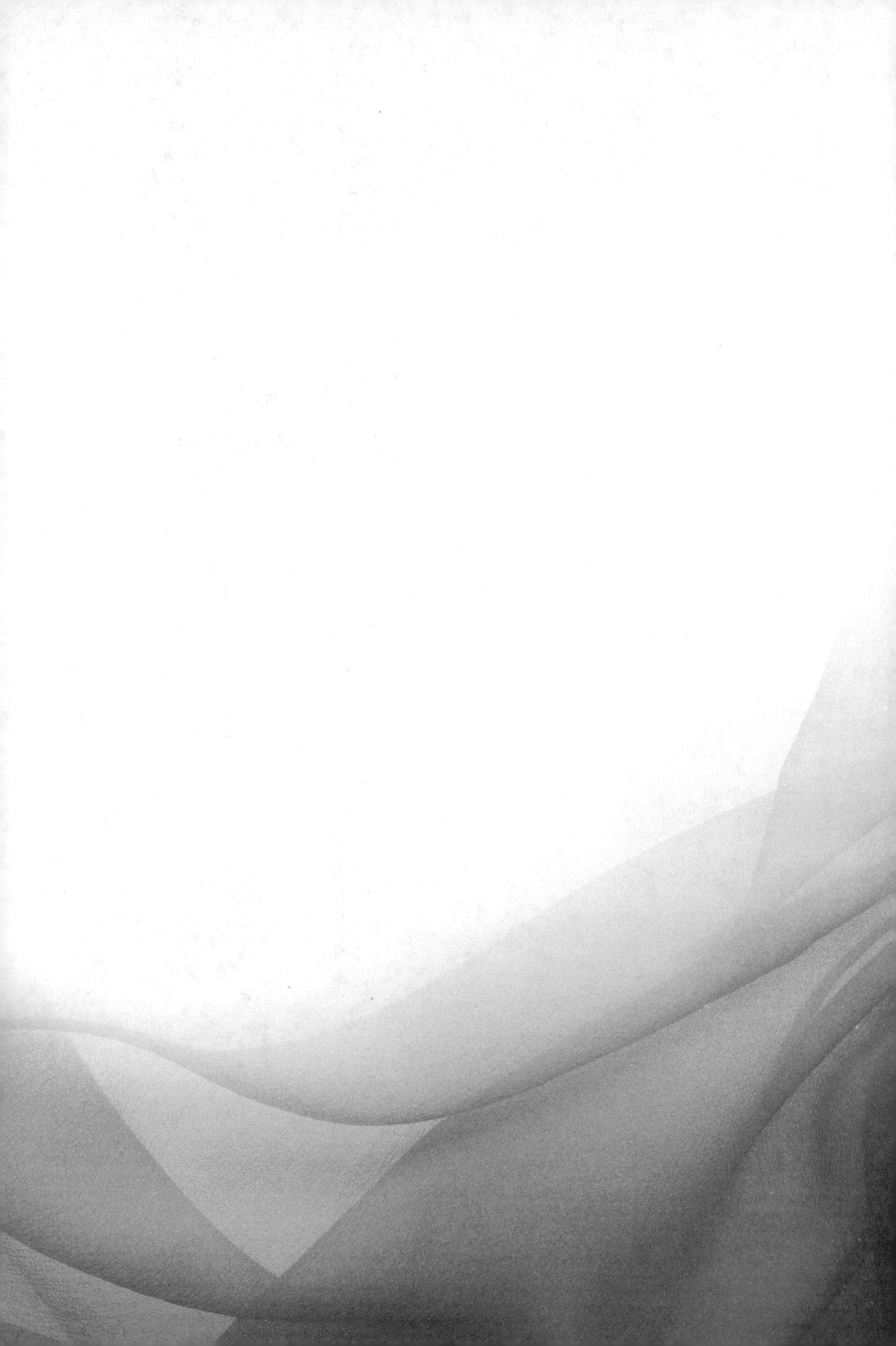

培训重点

了解陶瓷原料的分类方法。

熟悉常用原料在陶瓷生产中的作用。

了解常用陶瓷原料的组成与特性。

了解常用陶瓷原料的质量要求。

熟悉陶瓷原料的加工处理流程。

培训项目 1 陶瓷原料的分类、品种与作用

一、可塑性原料

1. 可塑性原料的分类和品种

可塑性原料的主要成分是黏土矿物，通常黏土矿物的含量（质量分数，下同）在 50% 以上，主要有高岭石、蒙脱石、伊利石、埃洛石（又称多水高岭石）等，同时还伴生一些杂质矿物，如石英、长石、方解石、赤铁矿、磁铁矿、褐铁矿等。在陶瓷行业中，黏土已成为可塑性原料的代名词。

黏土是一种颜色多样、细分散、由多种含水铝硅酸盐矿物组成的混合体。从外观来讲，黏土有白、灰、黄、红、黑等颜色。从硬度来讲，有的黏土柔软，可在水中散开，称为软质黏土；有的黏土则呈致密块状，称为硬质黏土。不同黏土的性质千差万别，但在一定程度上，它们或多或少都具有可塑性，这种可塑性有利于陶瓷的成型。黏土种类繁多，通常根据其成因、可塑性、耐火度、主要矿物组成等来进行分类。

（1）按照成因分类。黏土按照成因的不同分为原生黏土和次生黏土。

1）原生黏土。原生黏土又称一次黏土或残留黏土，是母岩风化分解后在原地

残留下来的黏土。这类黏土因风化而产生的可溶性盐类易溶于水，被雨水冲走后，只剩下黏土矿物、石英砂等，故其质地较纯、耐火度较高，但往往含有母岩杂质（如石英、云母、石膏、方解石、黄铁矿等），颗粒较粗，因而可塑性较差。高岭土常为原生黏土。

2）次生黏土。次生黏土又称二次黏土或沉积黏土，是原生黏土经水力（如雨水、河流）、风力作用而搬运至盆地或湖泊中水流缓慢的地方沉积下来而形成的黏土层。由于次生黏土是在漂流、迁移过程中沉积下来的黏土，因此其颗粒很细，烧结温度较低，可塑性较好，但耐火度较差，而且在漂流、迁移和沉积过程中夹带了有机物和其他杂质。北方的紫木节土属于次生黏土。

相关链接

烧成温度范围与烧结温度范围

1. 烧成温度范围

烧成温度是指陶瓷坯体在焙烧时能获得预期性能时的相应温度，要获得预期性能，该温度有一个允许的波动范围，这一范围称为烧成温度范围（简称烧成范围）。

2. 烧结温度范围

黏土坯体在焙烧时，随着温度的升高，坯体体积开始收缩，气孔率降低，致密度提高。烧结是指黏土坯体达到体积最小、气孔率最低、致密度最大时的状态。

黏土坯体在焙烧时，体积开始剧烈收缩，气孔率明显降低，此时对应的温度称为开始烧结温度 T_1；当温度继续升高，坯体中的液相量增加，气孔率降至最低，致密度达到最大，此时对应的温度称为烧结温度 T_2；若继续升温，坯体逐渐软化变形，开始出现过烧膨胀时的温度称为过烧膨胀温度 T_3。T_3 与 T_2 的差称为烧结温度范围。

在烧结温度范围内，虽然温度发生改变，但气孔率、体积收缩率等没有显著变化，不影响制品质量。对需要烧结的制品（如瓷器）来说，其烧成温度可以是烧结温度范围内的某一温度。对不需要烧结的制品（如陶器）来说，其烧成温度可低于其烧结温度。

（2）按照可塑性分类。黏土按照可塑性的高低分为高可塑性黏土、中等可塑性黏土和低可塑性黏土。

1）高可塑性黏土。高可塑性黏土又称软质黏土、结合黏土，可塑性好，分散度大，多呈疏松土状或板状、页状，易熔，耐火度在 1 350 ℃以下，熔剂氧化物含量高，在一般烧成温度下，能使制品产生气泡、熔洞等缺陷且收缩性比较大，多用于制作规整度要求不高的建筑砖瓦、粗陶器等制品。高可塑性黏土有黏性土、膨润土、木节土、球土以及江苏宜兴的嫩泥等。

2）中等可塑性黏土。中等可塑性黏土较软，可塑性中等，分散度较大，多呈疏松土状、板状，难熔，耐火度在 1 350～1 580 ℃，含 10%～15% 的易熔杂质，可作为炻器、陶器、耐酸制品、装饰砖、瓷砖、卫生洁具等的原料。中等可塑性黏土有瓷土、苏州阳山高岭土等。

3）低可塑性黏土。低可塑性黏土又称硬质黏土，可塑性差，分散度小，多呈致密块状、石状，耐火度在 1 580 ℃以上，是比较纯的黏土，含杂质少，是细陶瓷、耐火制品、耐酸制品的主要原料。低可塑性黏土有叶蜡石、焦宝石、瓷石等。

（3）按照耐火度分类。黏土按照耐火度的不同分为耐火黏土、难熔黏土和易熔黏土。

1）耐火黏土。耐火黏土的耐火度在 1 580 ℃以上，是比较纯的黏土，含杂质较少。天然耐火黏土的颜色较为复杂，但灼烧后多呈白色、灰色或淡黄色，为陶瓷、耐火制品的主要原料。

2）难熔黏土。难熔黏土的耐火度在 1 350～1 580 ℃，含 10%～15% 的易熔杂质，可作为炻器、陶器、耐酸制品、装饰砖及瓷砖的原料。

3）易熔黏土。易熔黏土的耐火度在 1 350 ℃以下，含有大量杂质，多用于制作建筑砖瓦、粗陶等制品。其杂质中危害最大的是黄铁矿，在一般烧成温度下，黄铁矿能使制品产生气泡、熔洞等缺陷，多用于制作建筑砖瓦和粗陶等制品。

（4）按照主要矿物组成分类。黏土按照主要矿物组成分为高岭石类、蒙脱石类、水云母类、叶蜡石类和水铝英石类。高岭石类黏土有苏州阳山高岭土、紫木节土等，蒙脱石类黏土有辽宁黑山和福建连城的膨润土等，水云母类黏土有河北章村土等，叶蜡石类黏土有浙江青田叶蜡石等，水铝英石类黏土有唐山矾土等。

2. 黏土在陶瓷生产中的作用

（1）黏土在陶瓷坯料中的作用。黏土赋予陶瓷坯料一定的可塑性，是坯体可塑成型的基础。对于注浆坯料来说，黏土还使其具有一定的悬浮性和稳定性。在陶瓷坯料中，黏土结合其他非可塑性原料，使坯体具有一定的干坯强度。同时，黏土的细分散颗粒与较粗的瘠性原料相混合，可得到最大的堆积密度。黏土的 Al_2O_3 含量和杂质含量是决定坯体烧结程度、烧结温度和软化温度的主要因素。黏土是陶瓷中莫来石晶体的主要来源，而莫来石晶体是否存在及其数量多少决定着陶瓷的许多使用性能。

（2）黏土在陶瓷釉料中的作用。黏土使陶瓷釉料具有一定的悬浮性和稳定性，能提高釉料的附着力，使釉料与坯体紧密结合而不易剥落。黏土是陶瓷釉料中 Al_2O_3 的主要来源，Al_2O_3 能提高釉料的弹性、热稳定性和抗腐蚀能力，减小热膨胀系数。黏土在陶瓷釉料中不能过多使用，否则会影响釉面的光泽和釉浆的性能。黏土在陶瓷釉料中的一般用量为 5% ~ 10%，如果要提高 Al_2O_3 的含量，应采用煅烧黏土。

二、瘠性原料

瘠性原料又称非可塑性原料，是指加入水后不具有可塑性的原料。瘠性原料有很多，如石英、瓷石、熟料等。在陶瓷生产中，常按照用途将石英、熟料等列为瘠性原料，而将长石、方解石、白云石等列为熔剂原料，这是因为长石、方解石、白云石等原料虽然不具有可塑性，但在陶瓷坯釉料中主要起降低熔融温度的作用。

1. 石英

（1）常用的石英种类

1）脉石英。脉石英是指由含 SiO_2 的熔融岩浆填充岩隙，在地壳较浅的部位经急冷凝固而形成的致密状结晶态石英（有的可凝固为玻璃态石英），它呈矿脉状产出，属于火成岩。脉石英颜色纯白、半透明，有油脂光泽，断口呈贝壳状，其 SiO_2 含量可高达 95% ~ 99%，是生产日用细瓷的良好原料。

2）砂岩。砂岩是指石英颗粒被胶结物结合而形成的一种碎屑沉积岩。砂岩根据胶结物的不同可分为石灰质砂岩、黏土质砂岩、石膏质砂岩、云母质砂岩、硅质砂岩等。在陶瓷生产中，仅硅质砂岩有使用价值，其颜色有白、黄、红等，SiO_2 含量为 90% ~ 99%。

3）石英岩。石英岩是一种变质岩，是硅质砂岩经变质作用后，其石英颗粒再结晶的岩石。石英岩的 SiO_2 含量一般在 97% 以上，常呈灰白色，有光泽，断面致密，强度大，硬度高，但在加热时晶型转化比较困难。石英岩是制造一般陶瓷制品的良好原料，其中质量好的可作为细瓷原料。

4）石英砂。石英砂是花岗岩、伟晶岩等风化成细粒后，被水流冲击、淘洗后自然聚积而成的。利用石英砂作为陶瓷原料可不进行破碎，简化了工艺流程，降低了成本。石英砂的杂质较多且成分变化较大，用时必须进行控制。

5）燧石。燧石是含 SiO_2 的溶液经化学沉积在岩石夹层或岩石中形成的隐晶质 SiO_2，属于沉积岩。燧石常以层状、晶状产出，特殊的呈钟乳状、葡萄状产出的为玉髓。燧石呈浅灰色、深灰色或白色。因其硬度高，可作为研磨材料、球磨机内衬等。质量好的燧石也可作为细瓷的坯釉料。

6）硅藻土。硅藻土是由微细的硅藻类水生生物吸附溶解在水中的一部分 SiO_2 后沉积演变而形成的，其本质是含水的非晶态 SiO_2，常含少量黏土，具有一定的可塑性。硅藻土具有很多孔隙，是制造绝热材料、轻质砖、过滤体等多孔陶瓷的重要原料。

（2）石英在陶瓷生产中的作用。石英可作为瘠性原料加入陶瓷坯釉料中，是日用陶瓷、建筑陶瓷、卫生陶瓷必不可少的原料。石英在陶瓷生产中的作用具体如下。

1）在烧成前，石英可调节坯料的可塑性，降低干燥收缩率，缩短干燥时间并防止坯体变形。

2）在烧成时，石英的加热膨胀可部分抵消坯体收缩的影响。在高温条件下，石英能部分溶解于液相中，提高熔体的黏度，而未溶解的石英颗粒则构成坯体的骨架，可防止坯体产生软化变形等缺陷。

3）在制品中，石英对坯体的机械强度有很大的影响，适宜的石英颗粒能大大提高坯体的强度。同时，石英能使坯体的透光度和白度得到改善。

4）在釉料中，石英是所生成玻璃相的主要组分，增加釉料的石英含量能提高其熔融温度与黏度，并减小热膨胀系数。同时，石英是决定釉的机械强度、硬度、耐磨性、耐化学侵蚀性等性质的主要原料。

2. 瓷石

瓷石的主要矿物是石英和水云母类矿物（绢云母、伊利石），并含有一定量的高岭土、长石及少量的碳酸盐。由于瓷石本身就含有构成坯料的各种成分，并具有制坯与烧成所需的性质，因此在我国很早就将其用于生产陶瓷。在我国传统细瓷的生产中，特别是江西、湖南等地，均以“瓷石＋黏土”为基础配方。

我国古代唐宋时期的陶瓷就只用一种瓷石掺入极少量的高岭土作为坯料，但瓷石的风化程度不够完全，用它单独成瓷，可塑性难以满足成型要求，同时 Al_2O_3 含量不足，成瓷温度低，烧成时易变形。清初以后配方有所改进，除瓷石外，同时采用较多的高岭土。采用瓷石与黏土作为原料，完全可以不用长石和石英而生产出很好的陶瓷。

瓷石由于绢云母的存在而具有一定的可塑性，在烧成时，绢云母中的 K_2O 和长石中的碱性成分起助熔作用，游离石英起降黏作用。在釉料中，瓷石更是可以“一兼三任”（代替长石、石英和黏土），只要另加一些碳酸盐等熔剂即可使用。在景德镇，把适宜于配釉的瓷石称为“釉石”或“釉果”。

3. 熟料和废瓷粉

（1）熟料。常将部分黏土预先煅烧成熟料，它也是一种瘠性原料。将熟料加入坯料中，能降低坯料的可塑性，同时降低坯料的收缩性，有利于防止坯体变形和减少开裂缺陷。

（2）废瓷粉。在坯料中加入废瓷粉能与石英一样起瘠化作用，降低坯体的干燥收缩率；在烧成过程中，废瓷粉还能起助熔作用，并降低坯体的灼烧减量和烧成收缩率，有利于防止坯体变形，提高制品质量。若用废瓷粉代替部分石英，则不会因晶型转变而引起体积变化，可改善瓷胎的某些性能，如高硅质瓷的热稳定性和机械强度。在釉料中加入废瓷粉能提高坯釉的适应性，提高釉的始熔温度，减少釉层中的气泡，从而提高釉面的光泽度。

废瓷粉在坯料中的使用量为 12% ~ 20%，最好用没有施釉的素坯制成废瓷粉，或与坯料配方组成相同的瓷垫片制成废瓷粉。废瓷粉在釉料中的使用量为 10% ~ 25%，不论施釉或未施釉的废瓷都可制成废瓷粉使用，但已经彩绘的废瓷不能使用。由于废瓷附有釉层，而且配方组成上可能不一致，因此在利用时必须做到分批粉碎、分批检验。

三、熔剂原料

1. 长石

（1）长石的种类。自然界中长石的种类很多，基本分为钾长石、钠长石、钙长石、钡长石 4 种，因为结构关系，它们混溶可以形成不同的固溶体，且两两混溶有一定规律。钾长石与钠长石在高温条件下可以形成连续固溶体，但在低温条件下混溶性降低，连续固溶体会分解，只能有限混溶，形成条纹长石；钠长石与钙长石能以任何比例混溶，形成连续的类质同象系列，且在低温条件下也不分离，形成的就是常见的斜长石；钾长石与钙长石在任何温度条件下几乎都不混溶；钾长石与钡长石则可以形成不同比例的固溶体，但在地壳上分布不广。由于长石具有混溶特性，因此地壳中单一的长石很少见，多数是几种长石的混溶物，没有固定的熔点。在陶瓷生产中，所谓的钾长石实际上是以钾长石为主的钾钠长石，而所谓的钠长石实际上是以钠长石为主的钾钠长石。一般含钙的斜长石、钡长石在日用陶瓷生产中较少使用。

（2）长石在陶瓷坯釉料中的作用。在陶瓷原料中，长石是作为熔剂使用的，因而长石在陶瓷生产中的作用主要表现为它的熔融性质与熔解其他物质的性质。

1）长石在高温条件下熔融，形成黏稠的玻璃熔体，它是坯料中碱金属氧化物（K_2O、Na_2O）的主要来源，能降低坯料的熔融温度，有利于成瓷和降低烧成温度。

2）熔融后的长石熔体能熔解部分高岭土分解产物和石英颗粒。液相中 Al_2O_3 和 SiO_2 互相作用，促进莫来石晶体的形成和长大，使坯体具有一定的机械强度和化学稳定性。长石熔体能填充于各晶体颗粒之间，可提高坯体的致密性，减少空隙。冷却后的长石熔体构成了陶瓷的玻璃基质，提高了透光度和机械强度，改善了电气性能。

3）长石作为瘠性原料，还可以缩短坯体的干燥时间，降低坯体的干燥收缩率。

4）在釉料中，长石是主要熔剂，不同种类、不同含量的长石能对陶瓷的釉面质量和性能产生一定影响。

2. 长石代用品

长石虽然是地壳中较普遍的一种矿物，但多数与其他矿物共生，适用于陶瓷生产的钾钠长石并不多，而且为了充分利用本地资源，降低成本，往往需要采用长石代用品。常用的长石代用品有霞石正长岩、伟晶岩、含锂矿物等。

（1）霞石正长岩。霞石正长岩应用于陶瓷坯料中（代替部分或全部长石），会显著降低坯体的烧成温度，扩大烧结温度范围，降低烧成收缩率，从而减少坯体的烧成变形缺陷，且霞石正长岩的 Al_2O_3 含量比长石高，有利于提高坯体的机械强度。在釉料中，霞石正长岩玻璃较长石玻璃的热膨胀系数小，能防止釉裂的发生。

（2）伟晶岩。伟晶岩是一种颗粒很粗的岩石，与细晶花岗岩相对应。伟晶岩所含的矿物主要是石英、长石（正长石、斜长石）以及少量的白云母、角闪石等，其中，长石占 60%～70%，石英占 25%～30%。伟晶岩可代替长石作为熔剂。注意，伟晶岩的化学组分中 SiO_2 的含量较高，在用作陶瓷原料时要求其游离石英含量小于 30%。另外，由于伟晶岩中 Fe_2O_3 含量较高，故使用时应进行磁选。对于白度要求不高的陶器、炻器来说，伟晶岩是一种物美价廉的长石代用品。

（3）含锂矿物。可用作陶瓷原料的含锂矿物有锂辉石、锂云母、透锂长石、磷锂铝石等。含锂矿物是优良的熔剂，与含钾矿物、含钠矿物有类似的化学作用，但是 Li_2O 的相对分子质量比 K_2O、Na_2O 都低得多，用 Li_2O 置换等质量的 K_2O、Na_2O，则 Li_2O 物质的量比 K_2O、Na_2O 都多，所以其助熔作用大于 K_2O、Na_2O。此外，锂质玻璃溶解石英的能力也比长石更强，可降低烧成温度，提高热稳定性。含锂矿物最重要的特点是热膨胀系数特别小，有时甚至表现为负值，因此是制造耐热炊具及要求热稳定性特别好的无膨胀陶瓷十分重要的原料。含锂矿物用于釉料可降低熔融温度，减小热膨胀系数，防止釉裂的发生，提高坯釉的适应性。

3. 碳酸盐类原料

陶瓷生产中常用石灰石、方解石引入 CaO，用菱镁矿、白云石引入 MgO，它们都是碳酸盐矿物。将 CaO、MgO 少量引入坯釉中，能与黏土中的 SiO_2 和 Al_2O_3 形成低共熔物，从而降低制品的烧成温度。

（1）石灰石和方解石。石灰石的主要矿物是方解石，主要化学成分是 $CaCO_3$，但常混入镁、铁、锰、锌等杂质。

在坯料中，石灰石和方解石在高温分解前起瘠化作用，在高温分解后起助熔作用。在较低温度条件下，石灰石、方解石能与坯料中的黏土及石英发生反应，降低烧成温度，缩短烧成时间，并提高制品的透光度，提高坯釉的结合能力，使坯釉的中间层形成得较好。制造石灰质釉陶器时，石灰石和方解石的用量一般为 10% ~ 20%；制造软质陶瓷时，石灰石和方解石的用量一般为 1% ~ 3%。

石灰石和方解石是石灰釉的主要原料，它们能提高釉的折射率、光泽度，并能改善釉的透光度，但如果配合不当，则易出现乳浊（析晶）现象。石灰石和方解石分别单独作为熔剂时，在煤窑或油窑中易引起阴黄、吸烟等现象。

（2）菱镁矿。菱镁矿又称苦土，其主要化学成分是 $MgCO_3$。在加热过程中，从 350 ℃开始，菱镁矿分解生成 CO_2 及 MgO，同时伴有很大的体积收缩；当温度达到 550 ~ 650 ℃时，反应速度加快，当温度升至 1 000 ℃时分解完全。

菱镁矿是制造耐火材料的重要原料，也是新型陶瓷制造过程中用于合成尖晶石、钛酸镁和生产镁橄榄石瓷等的主要原料，同时作为辅助原料和添加剂被广泛应用。在釉料中加入菱镁矿可引入 MgO，提高釉的白度和抗热震性，改善釉的弹性，降低釉的成熟温度。

（3）白云石。白云石是 $CaCO_3$ 和 $MgCO_3$ 的复盐矿物，化学式为 $CaMg(CO_3)_2$。纯质白云石并不多见，常含有铁、锰等成分，偶尔含有镍、锌等成分。白云石在高温条件下会分解生成 CaO、MgO 及 CO_2，大约从 800 ℃开始，先是 $MgCO_3$ 分解出 MgO 及 CO_2，到 950 ℃时，$CaCO_3$ 再分解成 CaO 及 CO_2。

在陶瓷生产中，白云石的使用能同时引入 CaO 及 MgO，它们一般起助熔作用，能降低烧成温度，促进石英的熔解和莫来石的生成。白云石能提高釉的透光度，使釉不易发生乳浊现象，并能提高釉的热稳定性以及在一定程度上防止吸烟，但慢冷时，釉中会析出少量针状莫来石，影响釉面的光泽度与透光度。

4. 镁质原料

陶瓷制品中的 MgO 除了由菱镁矿、白云石引入，还可由滑石或蛇纹石引入。

（1）滑石。滑石是一种硅酸盐类矿物，化学式为 $Mg_3(Si_4O_{10})(OH)_2$。滑石一般呈鳞片状。纯净的滑石为白色，其特点是易于切割和富有滑腻感。滑石可用作日用瓷、工业瓷、电瓷及陶瓷釉的原料。

1）滑石用作坯料的作用

①在坯料中加入少量滑石（1% ~ 2%）时，能降低烧成温度，扩大烧成温度范围，提高制品的透光度，同时能加速莫来石的生成，提高制品的机械强度和热稳定性。

②在坯料中加入较多滑石（34% ~ 40%）时，在烧成过程中，滑石中的硅酸镁和黏土中的硅酸铝发生反应生成堇青石，它的热膨胀系数很小，可大大提高制品的热稳定性。

③滑石用量在 50% 或更多时，坯体烧成后，斜顽辉石与堇青石共占 35% ~ 50%，这种制品具有较强的机械强度、热稳定性和较高的介电常数，可用作高频绝缘材料及需要高机械强度、高绝缘性能的制品。

④当坯料中滑石占 70% ~ 90% 时，所得制品称为块滑石制品，主要由斜顽辉石晶体组成，特点是具有较强的机械强度、较小的介电损耗，可用作无线电仪器中的高频绝缘材料及高压绝缘材料。

滑石质坯体的特点是成型困难，烧成温度变化范围小，热稳定性差，遇高温容易变形、炸裂等。注意，生滑石不易用水润湿、不易粉碎，在采用挤压成型方法时，由于片状颗粒定向排列，纵向开裂的可能性很大，解决办法是将滑石预烧到 1 350 ℃左右（具体温度随其组织结构而异），以破坏其片状结构。

2）滑石用作釉料的作用。在釉料中，滑石作为熔剂，能降低釉料的熔融温度和热膨胀系数，提高釉的弹性，促使坯釉中间层的生成，从而改善制品的热稳定性，用于乳浊釉还可增强乳浊效果。

（2）蛇纹石。蛇纹石化学式为 $Mg_6(Si_4O_{10})(OH)_8$，它与滑石同是硅酸盐类矿物。蛇纹石可代替煅烧滑石使用，在使用前应在 1 400 ℃左右条件下预烧，以破坏其鳞片状和纤维状结构，使其易于细磨、成型，并可挑选出有色杂质。

5. 硅灰石和透辉石

（1）硅灰石。硅灰石是钙的偏硅酸盐矿物，化学式为 $CaSiO_3$，硅灰石作为陶瓷原料具有以下作用。

1）硅灰石用作坯料的作用

①硅灰石本身不含有机物和结晶水，受热分解时不放出气体，它本身的干燥收缩率和烧成收缩率都小，热膨胀系数也较小且随温度变化而均匀变化，因而适于配制快速烧成的坯料。

②硅灰石颗粒为针状晶体，能提供水分快速排出的通道，因此可快速干燥，且容易压制成型，不会导致分层。

③硅灰石在坯体中有助熔作用，可降低坯体的烧结温度。

④坯体中的针状硅灰石晶体交叉排列成网状，周围由钙长石和石英加固，所以制品的机械强度较高，且制品含碱金属极少，而含碱土金属氧化物较多，因而后期吸湿膨胀的程度较小。

⑤含硅灰石的坯体烧成温度范围较窄，可加入 Al_2O_3、ZrO_2、SiO_2 或钡锆硅酸盐等，以提高坯体中液相的黏度，扩大硅灰石质瓷的烧成温度范围。

2）硅灰石用作釉料的作用。用硅灰石代替方解石和石英配釉料，得到的釉面不会因析出气体而产生釉泡和针孔，但用量过多时影响釉面的光泽度。

（2）透辉石。透辉石是钙和镁的偏硅酸盐矿物，化学式为 $CaMg(Si_2O_6)$。透辉石无晶型转变，在陶瓷中的应用与硅灰石类似，既可作为熔剂使用，也可作为主要原料。由于透辉石不含有机物和化学结合水，热膨胀系数也不大，收缩性也小，因此含透辉石的坯料可制成能低温烧成的陶瓷坯体，适于快速烧成。

6. 磷酸盐类原料

可作为陶瓷原料的磷酸盐类原料有骨灰和磷灰石，它们主要用于骨灰瓷的生产。

（1）骨灰。骨灰是脊椎动物的骨骼经一定温度煅烧后所形成的，主要成分是磷酸钙 $Ca_3(PO_4)_2$，还含有少量的碳酸钙、磷酸盐等杂质。骨灰呈灰白色粉末状，熔点为 1 720 ℃。

骨灰一般是由猪、羊、鱼等动物的残骨或经骨胶厂提胶后的骨渣再经煅烧而获得的，煅烧温度可在 900 ~ 1 300 ℃。如果煅烧温度较低，可残留一些有机物，有利于可塑性的提高，但煅烧时一定要通风良好，避免骨灰炭化发黑。残骨或骨渣在煅烧前应先煮沸或用蒸汽脱脂清洗，煅烧后应用球磨机长时间（10 ~ 20 h）细磨，再过筛（70 目筛，孔径 0.214 mm）并烘干备用。

在陶瓷生产中，骨灰可作为熔剂，同时还可作为乳浊剂，将其冷却后反复加热，就能提高釉的乳浊性和白度。在釉料中加入适量的骨灰，还能提高釉的光泽度。

骨灰瓷原料是以 50% 左右的骨灰与高岭土、长石、石英等配制而成的，制成的坯体具有良好的透光度，便于进行装饰，但烧成温度范围很窄，在高温条件下易变形，热稳定性及耐化学侵蚀性较差。

（2）磷灰石。磷灰石是磷酸钙的天然矿物，有两种，一种是氟磷灰石 $Ca_5(PO_4)_3F$，另一种是氯磷灰石 $Ca_5(PO_4)_3Cl$，自然界中通常以氟磷灰石居多。

磷灰石外观呈白色、绿色等，有玻璃光泽，性脆。由于磷灰石与骨灰的化学组成相似，因此它可以部分代替骨灰生产骨灰瓷，制得的胎体透光度很好。将少量磷灰石引入长石釉中，能提高釉面的光泽度，使釉具有柔和感，但要控制用量，用量过多易使釉产生针孔、气泡等缺陷。

四、化工原料

陶瓷生产中常用的化工原料有很多，按照用途可分为熔剂原料、乳浊剂原料、着色剂原料等。化工原料质量稳定、杂质含量少，有利于提高制品质量，但成本较高。

1. 常用的熔剂原料

化工熔剂原料是陶瓷生产的常用原料之一，特别是生产建筑陶瓷墙地砖和低温瓷釉料时用量较多。

常用的熔剂原料有氧化锌（ZnO）、硼砂 $\{Na_2[B_4O_5(OH)_4]\cdot 8H_2O\}$、硼酸（$H_3BO_3$）、红丹（$Pb_3O_4$）、碳酸钠（$Na_2CO_3$）、碳酸钡（$BaCO_3$）、硝酸钾（$KNO_3$）等。

2. 常用的乳浊剂原料

常用的乳浊剂原料有二氧化锡（SnO_2）、硅酸锆（$ZrSiO_4$）、二氧化锆（ZrO_2）、二氧化铈（CeO_2）、二氧化钛（TiO_2）、氟化物、磷化物等。

3. 常用的着色剂原料

常用的着色剂原料有氧化钴（CoO）、氧化铬（Cr_2O_3）、氧化铁（Fe_2O_3）、氧化铜（CuO）、氧化锰（MnO）等。

五、辅助原料

1. 增塑剂

增塑剂是指能增强陶瓷坯料可塑性的原料，一般用量较少。常用的增塑剂有腐殖酸钠、羧甲基纤维素等。

2. 减水剂

减水剂又称解凝剂、稀释剂、解胶剂，是指能减少坯釉料球磨时的用水量，增强泥浆流动性，降低泥浆黏度的原料。常用的减水剂有水玻璃、纯碱、腐殖酸钠、草酸钠、聚偏磷酸钠、焦磷酸钠、单宁酸钠、橡碗栲胶、阿拉伯树胶等。

3. 絮凝剂

絮凝剂的作用与解凝剂相反，它能促使分散的泥团颗粒沉淀。絮凝剂可用来淘洗坯料，以加速沉淀。压滤时用絮凝剂可以加速过滤速度；注浆时用絮凝剂可以调节坯料黏度，加快吸浆速度；在粒度分析中用絮凝剂可以加快沉淀速度。常用的絮凝剂有硫酸镁（$MgSO_4$）、氯化钙（$CaCl_2$）等。

培训项目 2 陶瓷原料的组成与特性

一、黏土的组成与特性

1. 黏土的组成

黏土的组成可从化学组成、矿物组成和颗粒组成三方面来进行分析。

（1）黏土的化学组成。黏土大部分由两种以上的黏土矿物组成，并或多或少含有一些杂质，因此它们的化学组成根据所含矿物与杂质的种类和多少而异。黏土的化学组成分析主要有 SiO_2、Al_2O_3、Fe_2O_3、TiO_2、CaO、MgO、K_2O、Na_2O 和烧失量的分析，其他微量成分对陶瓷生产的实际意义不大。这里引入一个概念——烧失量。烧失量又称灼烧减量，是指黏土矿物在加热过程中由于其中的化学结合水排出，以及碳酸盐、硫酸盐的分解和有机物的挥发等物理化学变化所引起的质量减轻程度。当黏土比较纯净，杂质较少时，烧失量可近似地看作化学结合水的质量。

了解黏土的化学组成在陶瓷生产上有重要的指导意义，具体表现为以下几点。

1）化学组成可以在鉴定黏土矿物组成时做参考。例如，若化学分析结果中只有 SiO_2、Al_2O_3 和 H_2O 三项，而 Al_2O_3 的含量接近 39.5%，同时没有或有少量的其他氧化物，则可认为这种黏土是比较纯的高岭石。而当黏土的化学成分中碱性杂质较多时，则其主要矿物可能是蒙脱石类或伊利石类。若黏土的化学组成以物质的量之比来表示：当 SiO_2 与 Al_2O_3 或 SiO_2 与 R_2O_3（R 为不确定元素）物质的量之比在 2 左右时，它可能是高岭石或多水高岭石；在 3 左右时，它可能是富硅高岭土、伊利石或拜来石；在 4 左右时，它可能是蒙脱石或叶蜡石。

2）通过黏土的化学组成可以推断其烧后色泽。黏土的烧后色泽主要受 Fe_2O_3、TiO_2 等显色氧化物的影响，化学分析结果中 Fe_2O_3、TiO_2 含量的高低可以作为烧后色泽的判断依据。例如，在还原气氛下烧成，由于部分 Fe_2O_3 被还原成 FeO，则制品一般呈青色、蓝灰色至蓝黑色，这时 Fe_2O_3 也和碱金属氧化物、碱土金属氧化物一样，起到熔剂的作用，可降低黏土的耐火度。

3）通过黏土的化学组成可以估计黏土的耐火度。K_2O、Na_2O、CaO、MgO 等碱金属氧化物和碱土金属氧化物具有助熔作用，在化学分析结果中，如果这类氧化物的含量高，则可以判定这种黏土易于烧结，烧结温度低。但是如果 Al_2O_3 的含量高，且 K_2O 等碱性成分的含量又低，则可以判断这种黏土耐火度较高，烧结温度高。还可以根据黏土的化学组成，采用经验公式估算耐火度，这里不详细阐述。

4）通过黏土的化学组成可以估计黏土的成型性能。从化学分析结果可以推断黏土的主要矿物类型，进而估计其成型性能。另外，如果化学分析结果中 SiO_2 的含量很高，则说明除黏土矿物外，还可能夹杂游离石英，这种黏土的可塑性不会太好，但干燥收缩率小。如果高岭石类黏土的烧失量高于 14%，叶蜡石黏土的烧失量高于 5%，多水高岭石黏土和蒙脱石类黏土的烧失量高于 20%，瓷石的烧失量高于 8%，则说明这些黏土所含的有机物或碳酸盐过多，可塑性较好，但烧成收缩率较大，在配料时和生产工艺设计上要加以考虑。

5）通过黏土的化学组成可以推断黏土在烧结过程中膨胀或起泡的可能性。黏土中的 Na_2O 和 K_2O 一般存在于云母、长石、伊利石等矿物中，但也有可能以钠、钾的硫酸盐形式存在。当 Na_2O 和 K_2O 以云母状态存在时，它们的化学结合水要在较高温度下（1 000 ℃以上）排出，这是引起黏土膨胀的一个原因。

黏土中的 CaO、MgO 往往以碳酸盐或硫酸盐的形式存在，如果含量较多，在煅烧时会有大量的 CO_2、SO_2 等气体排出，操作不当时容易引起针孔、气泡等缺陷。

（2）黏土的矿物组成。一般将黏土中的矿物根据其性质和数量分成两大类——黏土矿物和杂质矿物。

1）黏土矿物。黏土矿物是组成黏土的主体，是决定黏土性质的主要矿物成分，黏土矿物的种类和数量是决定黏土类别的主要依据。

①高岭石类矿物。高岭石类矿物包括高岭石、地开石、珍珠陶土、多水高岭石等。高岭石是常见的黏土矿物，由其组成的较纯净黏土称为高岭土。高岭土的主要矿物成分是高岭石和多水高岭石。高岭石的矿物实验式为 $Al_2O_3 \cdot 2SiO_2 \cdot 2H_2O$。

高岭土中高岭石类黏土矿物含量越多，杂质越少，其化学组成越接近高岭石的理论组成。纯度越高的高岭土其耐火度越高，烧后越洁白，莫来石晶体生长得越多，从而机械强度、热稳定性、化学稳定性越好，但存在分散度较小、可塑性较差的缺点；反之，高龄土的杂质越多，耐火度越低，烧后不够洁白，莫来石晶体较少，但有可能分散度较大、可塑性较好。

②蒙脱石类矿物。蒙脱石类矿物是另一类常见的黏土矿物，一般将除蛭石以外的具有膨胀晶格的黏土矿物总称为蒙脱石类矿物，又称微晶高岭石类矿物。以蒙脱石为主要矿物的黏土称为膨润土。蒙脱石类矿物的种类繁多，化学组成也相当复杂，其矿物实验式一般表示为 $Al_2O_3 \cdot 4SiO_2 \cdot nH_2O$（$n$ 通常大于 2），也可以写成 $Al_2O_3 \cdot 4SiO_2 \cdot H_2O \cdot nH_2O$（$n$ 通常大于 1）。

蒙脱石类矿物容易碎裂，故其颗粒极细，可塑性好，干燥强度大，但干燥收缩率也大。由于其 Al_2O_3 含量较低，又吸附了其他阳离子，杂质较多，因此烧结温度较低，烧后色泽较差。在坯料中，膨润土的使用量不宜过多，一般在 5% 左右。在釉料中可掺少量膨润土作为悬浮剂。

③伊利石类（水云母类）矿物。伊利石类（水云母类）矿物是白云母经强烈的化学风化作用转变为蒙脱石或高岭石过程中的中间产物，其组成成分与白云母相似，具有黏土性质。

伊利石的基本结构与蒙脱石相似，但无膨胀性，且晶体也比蒙脱石粗，具有可塑性较低、干燥强度较小、干燥收缩率较小的特点，其烧结温度比高岭石低。我国含伊利石类矿物的黏土产地较多，南方各地区生产传统细瓷所用的原料瓷石就属于伊利石类矿物。

④叶蜡石。黏土中还有一种硬质黏土矿物，就是叶蜡石，其矿物实验式为 $Al_2O_3 \cdot 4SiO_2 \cdot H_2O$。叶蜡石通常由细微的鳞片状晶体构成致密块状，有脂肪光泽，相对密度为 2.8 左右。叶蜡石原料含较少的结晶水，加热至 500 ~ 800 ℃缓慢脱水，总收缩率不大，热膨胀系数较小，具有良好的热稳定性，因此适用于配制快速烧成的陶瓷坯料，是制造要求尺寸准确或热稳定性好的制品的优良原料。

⑤水铝英石。水铝英石是一种非晶质的含水硅酸铝。水铝英石的组成变化较大，SiO_2 与 Al_2O_3 物质的量之比在 0.4 ~ 8。水铝英石在自然界并不多见，只有少量含在黏土中，但它在水中能形成凝胶层，可包围其他黏土颗粒，从而提高黏土的可塑性。

2）杂质矿物。在黏土形成过程中，常由于岩石未完全风化或其他因素而混入一些非黏土矿物和有机物，这些物质统称为杂质矿物。根据成因不同，有的黏土中杂质矿物含量较少，有的黏土中杂质矿物含量较多，它们通常以细小晶粒及其集合体的形式分散于黏土中，常影响甚至决定黏土的工艺性能。

①石英及母岩残渣。石英经常是长石的共生矿物，在风化后常保存其原有形态。在一次黏土中，游离石英是常见的杂质之一，还有未风化的母岩残渣，以及长石、云母等。这些杂质一般以较粗的颗粒混在黏土中，对黏土的可塑性和干燥后的强度产生不良影响。工厂多采用淘洗法（或用水力旋流器）将黏土中的粗颗粒杂质除去。对于含石英较多的黏土，若在原料的细碎过程中采取一定措施，且在配方设计上予以相应考虑，也可不经淘洗，直接配料，这样可以提高原料的利用率，降低生产成本。

②碳酸盐及硫酸盐类。黏土中常含有较多的钙质、镁质不纯物，它们常以碳酸盐、硫酸盐的形式存在，如方解石（$CaCO_3$）、石膏（$CaSO_4 \cdot 2H_2O$）、白云石［$CaMg(CO_3)_2$］等。如果这些矿物是以微细颗粒均匀分布于黏土中，则其影响不大；但如果这些矿物是以粗颗粒存在，则往往对制品的烧成产生不良影响，导致制品炸裂和出现熔洞。如果黏土中含有可溶性硫酸盐，则能在制品表面形成一层白霜，这是由于坯体在干燥时，可溶性硫酸盐随着水分的蒸发而在坯体表面析出所致。

③铁和钛的化合物。黏土中的铁常以赤铁矿（Fe_2O_3）、磁铁矿（Fe_3O_4）、黄铁矿（FeS_2）、褐铁矿［以针铁矿 $FeO(OH)$ 或水针铁矿 $FeO(OH) \cdot nH_2O$ 为主］等形式存在。铁也是许多硅酸盐矿物的主要成分，如黑云母、角闪石等都是含铁的硅酸盐矿物。铁的化合物都能使坯体呈色，特别是黄铁矿，它硬度大、不易粉碎，其颗粒在烧成时会在坯体上形成黑色斑点。

钛常以金红石、锐钛矿、板钛矿等形式存在于黏土中，这三种矿物的化学式均为 TiO_2。

钛与铁的化合物共存时，在还原焰中烧成的坯体呈灰色，在氧化焰中烧成的坯体呈浅黄色或象牙色。

④有机杂质。很多黏土含有一定数量的有机杂质，故多呈灰色，甚至呈黑色。有机杂质是植物残骸沉积后与黏土共生的结果。有机杂质多，可提高黏土的可塑性，但过多会使制品表面出现针孔和气泡。

（3）黏土的颗粒组成。黏土的一些重要性能如可塑性、干燥性能和烧成性能均受其颗粒大小及形状的影响。黏土中各种尺寸的颗粒的质量分数称为颗粒组成，测定黏土颗粒组成的方法有很多，常用的方法是筛分析和沉降分析。此外，还可以用离心法或显微镜法来测定颗粒的大小。

散状黏土的颗粒组成包括两部分：一部分为黏土物质细颗粒（<2 μm）；另一部分为非可塑性夹杂物，如砂粒及页岩。它们大小不一，粗颗粒、细颗粒均有。硬质黏土经过粉碎后的颗粒组成与粉碎工艺及操作有关。

黏土的颗粒大小直接影响其可塑性、泥浆黏度、吸附性、成型性能、干燥性能及烧成性能。黏土颗粒分散度越大，则可塑性越好，干燥强度越高，越易于烧结，烧成后气孔率越小，机械强度也越高，有利于提高制品的白度与透光度。但黏土颗粒也不是越细越好，最好的情况是既要磨细也要有一定的颗粒级配，即颗粒仍有大小的差别，不要过于平均，这样才能获得最大的堆积密度。在生产实践中，过分延长研磨时间不仅使颗粒细度更小，而且使颗粒粗细均匀。这样不仅降低了生产效率，提高了生产成本，而且制品体积收缩率较大，容易变形。

2. 黏土的特性

黏土的特性主要取决于黏土的化学组成、矿物组成和颗粒组成，其矿物组成是基本因素。例如，膨润土的主要矿物是蒙脱石类矿物，其细颗粒较多，表现出黏性强、成型含水率高、收缩性强、烧结温度低等特性；苏州高岭土含有大量杆状结构的高岭石，因而具有可塑性较差、干燥气孔率高、干燥强度低、烧成收缩率大、泥浆流动时含水率高且呈强烈触变性等特性；紫木节土所含的黏土矿物高岭石结晶程度较差，颗粒细，含有机杂质较多，因而可塑性及泥浆性能良好。

（1）可塑性。黏土与适量的水混练后形成泥团，这种泥团在外力作用下产生变形但不开裂，当外力撤掉以后，泥团仍然保持其形状不变，黏土的这种性质称为可塑性。

影响黏土可塑性的主要因素有黏土颗粒的分散度和形状、矿物组成、水的用量等。黏土颗粒越小，分散度越大，比表面积越大，可塑性就越好。在黏土中，薄片状颗粒比棱角形颗粒易于结合和相对容易滑动，故有较好的可塑性。如果黏土含有胶体物质，则可塑性会大大提高。黏土与水必须按照一定比例配合才能产生良好的可塑性，水量不够则可塑性体现不出来或不完全，水量过多则变为泥浆而失去可塑性。各种黏土的可塑水量可通过试验测定。

（2）结合性。黏土的结合性是指黏土能黏结一定细度的瘠性原料而形成可塑泥团，并具有一定干燥强度的性能。通常可塑性好的黏土结合性也好。

黏土结合能力的测定是在其中加入标准石英砂（标准石英砂的颗粒组成：0.15 ~ 0.25 mm 的颗粒为 70%，0.09 ~ 0.15 mm 的颗粒为 30%），以其能保持可塑泥团状态的最高加砂量来表示。加入的标准石英砂越多，这种黏土的结合能力越强。

（3）触变性。黏土泥浆或可塑泥团受到振动或被搅拌时，黏度会降低而流动性提高，静置后又逐渐恢复原状；黏土坯料放置一段时间后，在维持原有含水率不变的情况下也会出现变稠和固化现象：黏土表现出的这类性质称为触变性。

生产中希望坯料有一定的触变性。当坯料触变性较差时，成型后生坯的强度不够，影响脱模与修坯的质量；而当坯料触变性较好时，会给泥浆在管道输送过程中带来不便，注浆成型时回浆也较困难，成型后生坯也易变形。

黏土的触变性主要取决于黏土的矿物组成、颗粒大小与形状、含水率、使用电解质种类与数量、坯料（包括泥浆）的温度等。黏土颗粒越细，边或面会越多，越易表现触变性。球状颗粒不易表现触变性。泥浆的触变性与含水率有关，含水率高的泥浆不易形成触变结构，反之易表现触变性。

（4）收缩性。黏土坯料干燥时因为水分蒸发、颗粒之间的距离缩小而产生的体积收缩称为干燥收缩。烧成时因产生的液相填充于空隙中，并生成某些结晶性物质，而进一步产生的体积收缩称为烧成收缩。干燥收缩和烧成收缩构成黏土的总收缩，但总收缩率并不等于干燥收缩率与烧成收缩率的几何相加。

黏土的收缩性主要取决于它的颗粒结构和大小、矿物组成、含水率、吸附离子以及其他工艺性能等。含细颗粒及纤维状颗粒较多的黏土体积收缩率大。一般片状高岭石、伊利石类矿物干燥收缩率小，而蒙脱石类矿物、多水高岭石干燥收缩率大。在实际生产中，当设计坯体尺寸、石膏模型尺寸时应考虑原料的收缩性。

相关链接

黏土的加热变化

黏土是陶瓷生产的主要原料，陶瓷在烧成过程中所发生的一系列物理化学变化是在黏土加热变化的基础上进行的，因此黏土的加热变化是陶瓷制品烧成的理论基础。研究黏土的加热变化对确定陶瓷制品的烧成制度具有重要意义。另外，不同矿物组成的黏土加热时发生各种变化的温度和热效应也不同，由此还可以鉴定黏土的矿物组成。

黏土在加热过程中的变化包括两个阶段，即脱水阶段和脱水后产物继续转化阶段。

1. 脱水阶段

黏土干燥后继续加热，首先发生的是脱水反应，其中最主要的是化学结合水的排除。黏土中的化学结合水大部分都在 450 ~ 650 ℃时被排除，低于 450 ℃时也有少量的化学结合水被排除，高于 650 ℃时，残余的化学结合水继续被排除。

下面以高岭土为例，详细说明黏土在加热过程中发生脱水、分解、析晶等物理化学变化的过程：在 100 ~ 110 ℃时，吸附水与自由水被排除；在 110 ~ 400 ℃时，其他杂质矿物如多水高岭石、$Fe(OH)_3$、石膏中的化学结合水被排除；在 400 ~ 450 ℃时，化学结合水开始被缓慢排除；在 450 ~ 600 ℃时，化学结合水被迅速排除，黏土晶格遭到破坏，产生热效应；在 650 ~ 800 ℃时，脱水反应开始慢下来；在 800 ~ 1 000 ℃时，残余水分被排除完毕。

在脱水过程中，自 600 ℃开始，高岭石生成偏高岭石，其反应式如下：

$$Al_2O_3 \cdot 2SiO_2 \cdot 2H_2O \longrightarrow Al_2O_3 \cdot 2SiO_2 + 2H_2O$$

偏高岭石是接近于高岭石结构的产物，但并不完全是晶体，在 900 ℃以前是稳定的，只发生一些物理变化，如气孔率和收缩率的改变。

其他黏土矿物的具体脱水温度与高岭土不完全一样，都有其特殊性。对于膨润土来说，在 100 ℃左右时，有大量的层间水被排除；在 500 ~ 800 ℃时，化学结合水被排除。对于瓷石来说，在 100 ~ 120 ℃时，吸附水被排除；在 400 ~ 700 ℃时，绢云母失去化学结合水，其中急剧脱水在 600 ~ 700 ℃时进行。

2. 脱水后产物继续转化阶段

高岭石脱水后的产物偏高岭石自 900 ℃开始，转化为铝硅尖晶石，同时发生较强的放热效应，低共熔物形成的液相逐渐出现，且随着温度的升高，液相的量越来越多，其反应式如下：

$$2(Al_2O_3 \cdot 2SiO_2) \longrightarrow 2Al_2O_3 \cdot 3SiO_2 + SiO_2$$

在 1 050 ~ 1 100 ℃时，铝硅尖晶石开始转化为莫来石，其反应式如下：

$$3(2Al_2O_3 \cdot 3SiO_2) \longrightarrow 2(3Al_2O_3 \cdot 2SiO_2) + 5SiO_2$$

在 1 200 ~ 1 400 ℃时，莫来石晶体迅速生长而大量出现，同时游离石英转变为方石英，并伴随较弱的放热效应。

其他类型黏土矿物的加热变化稍有不同。含碱的黏土矿物如伊利石及绢云母，在 350 ~ 600 ℃时排除化学结合水，在 800 ~ 850 ℃时晶格受到破坏，玻璃质从 950 ℃开始出现，莫来石从 1 100 ℃开始形成，在 850 ~ 1 200 ℃时形成的尖晶石会溶解在 1 300 ℃时形成的玻璃相中。蒙脱石在 600 ℃以下时不发生实质性变化，在这一温度以上时开始排除层间水，在 800 ~ 850 ℃时发生化学结合水被排除等变化，在 1 100 ℃左右时形成尖晶石（溶解于玻璃相中），在 1 050 ℃以上时形成莫来石。蒙脱石失去层间水后，其晶体结构与叶蜡石相同。叶蜡石的化学结合水在 500 ~ 600 ℃时被排除，形成非晶体的无水叶蜡石，在 1 300 ℃以上时则形成莫来石，同时会有较多的方石英生成，因此，叶蜡石反应物的体积膨胀系数比高岭石高得多，又因脱水量较少，烧成收缩率也小得多。

伴随着化学变化的产生，也出现了物理性质的改变：气孔率从 900 ℃开始下降，至 1 200 ℃以后下降速度最大；失重现象发生在 450 ~ 650 ℃的脱水温度范围内；体积收缩开始于 600 ~ 650 ℃，在 900 ℃以下时收缩缓慢，在 1 000 ℃以上时收缩急剧加速，在 1 250 ~ 1 350 ℃时收缩基本终止；在温度超过烧结温度范围上限时，将重新出现气孔增加、坯体膨胀的现象。

二、石英的组成与特性

1. 石英的组成

石英的主要化学组成为 SiO_2，一般脉石英和石英岩的 SiO_2 含量较高，在 95% ~ 99%；硅质砂岩所含的 SiO_2 在 90% ~ 99%；硅藻土所含的 SiO_2 较少，在 80% ~ 90%。石英中常含有少量的 Al_2O_3、Fe_2O_3、CaO、MgO、TiO_2 等杂质成分。

2. 石英的性质

石英的性质随种类不同而异，一般呈乳白色或灰白色，半透明，具有玻璃光泽或脂肪光泽，莫氏硬度为 7。石英的密度因晶型而异，变化于 2.22 ~ 22.65 g/cm^3。SiO_2 在常压下有 7 种结晶态和 1 种玻璃态，7 种结晶态分别是 α- 石英、β- 石英、α- 鳞石英、β- 鳞石英、γ- 鳞石英、α- 方石英、β- 方石英。石英的硬度较高，不易粉碎，若工艺需要，可先在 1 000 ℃左右时经煅烧再进行急冷处理，使其内部发生崩裂，便于粉碎。

石英的熔融温度范围取决于 SiO_2 的形态和杂质的含量。硅藻土的熔融温度范围为 1 400 ~ 1 700 ℃。无定形 SiO_2 约在 1 713 ℃时熔融。脉石英、石英岩和砂岩在 1 750 ~ 1 770 ℃熔融，但当杂质含量在 3% ~ 5% 时，可在 1 690 ~ 1 710 ℃时熔融。当石英含有 5.5% 的 Al_2O_3 时，其低共熔点温度会降低至 1 595 ℃。

相关链接

石英的晶型转化

石英具有多种结晶态，在加热过程中会发生一系列的晶型转化，在转化过程中可以产生 8 种变体，同时，体积也会发生变化。石英在自然界中大部分以 β- 石英的结晶态稳定存在，只有少部分以鳞石英或方石英的介稳状态存在。石英晶型的具体转化过程如图 3-1 所示。根据其转化时的情况可以分为高温型迟缓转化和低温型快速转化。

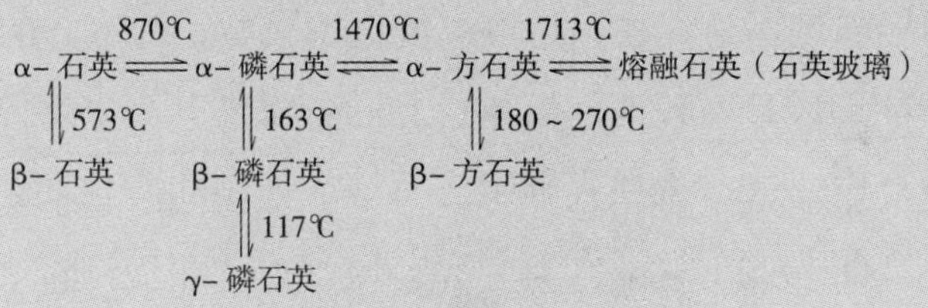

α- 石英 $\xrightleftharpoons{870℃}$ α- 磷石英 $\xrightleftharpoons{1470℃}$ α- 方石英 $\xrightleftharpoons{1713℃}$ 熔融石英（石英玻璃）

α- 石英 ⇅ 573℃ β- 石英

α- 磷石英 ⇅ 163℃ β- 磷石英 ⇅ 117℃ γ- 磷石英

α- 方石英 ⇅ 180 ~ 270℃ β- 方石英

图 3-1　石英晶型的具体转化过程

高温型迟缓转化（横向转化）是由表面开始逐步向内部进行的，转化后发生结构变化，形成新的稳定晶型，因而需要较高的活化能。高温型迟缓转化进程迟缓，转化时体积变化较大，并需要较高的温度和较长的时间。为了加速转化，可以添加细磨的矿化剂或熔剂。高温型迟缓转化是可逆的。

低温型快速转化（纵向转化）迅速，是在达到转化温度之后，晶体表里瞬间同时发生的，转化后结构不发生特殊变化，因而转化较容易进行，体积变化不大。低温型快速转化也是可逆的。

石英的晶型转化会引起一系列的物理变化，如体积、密度、强度等的变化，其中对陶瓷生产影响较大的是体积变化。高温型迟缓转化的体积变化率较大，如α−石英转化为α−磷石英，体积变化率为16%；而低温型快速转化的体积变化率则很小，如α−石英转化为β−石英，体积变化率仅为0.82%。单纯从数值上来看，高温型迟缓转化会出现严重问题，但实际上由于它们的转化速度非常缓慢，且转化时间较长，再加上高温下液相的缓冲作用，因而体积膨胀得特别缓慢，抵消了固体膨胀应力所造成的破坏作用，对生产过程的影响反而不大。虽然低温型快速转化的体积膨胀系数很小，但是该转化迅速，又是在干条件下进行的，因而破坏性较强，危害性反而较大。

三、熔剂原料的组成与特性

在陶瓷生产中，长石主要是作为熔剂使用的，它也是釉料的主要原料，因此，其熔融特性对于陶瓷生产具有重要意义。一般要求长石具有较低的始熔温度、较宽的熔融温度范围、较高的熔融液相黏度和良好的熔解其他物质的能力，这样坯体在高温下不易变形，便于提高烧成合格率。

钾长石的熔融温度不是太高，熔融温度范围较宽，为1 130 ~ 1 450 ℃。钾长石具有在熔融后能形成黏度较高的熔体，且随着温度升高，熔体黏度逐渐降低的特性。在陶瓷生产中，这一特性有利于进行烧成控制和防止坯体变形。因此，陶瓷坯料以选用正长石或微斜长石（二者均为钾长石系列）为宜。

钠长石的始熔温度较钾长石低些，熔融温度范围较窄，为1 020 ~ 1 250 ℃，在熔融时没有新的晶相产生，液相的组成和未熔长石的组成相似，形成的液相黏度较低，且其黏度随温度升高而降低的速度较快，因此，在坯料中使用钠长石容易引起制品变形。但钠长石在高温时对石英、黏土、莫来石的溶解速度较快，溶解度也大，故用于配釉料较为合适。也有研究人员认为，钠长石的熔融温度低、黏度高，助熔作用更好，有利于提高瓷胎的瓷化程度和透光度，关键在于控制好烧成制度，根据具体要求确定合理的升温曲线。

钾长石熔融成玻璃相后，其中含有许多呈乳浊状的气体，故透明度较钠长石差。在欧洲，一些陶瓷企业常先将长石在800 ℃左右煅烧后再使用，这样不仅有利于粉碎，而且制成的制品有较高的透光度。

培训项目 3 陶瓷原料的质量要求

一、陶瓷原料的总体质量要求

由于陶瓷原料种类繁多，在生产过程中作用各有不同，因此对不同的原料有不同的质量要求。但有一个对各种原料都适合的总体质量要求：除颜色釉外，凡白色的陶瓷制品，其原料中的烧后着色物质要尽量少，具体来说就是铁、钛、锰等着色元素必须要少（某些制品另加少量着色剂以改善其色调的除外），这个总体要求很重要。因为陶瓷制品通常要求白度、透光度高，而着色物质恰恰影响了这些指标。例如：原料中铁含量多，烧后呈灰色（还原气氛烧成）或褐色（氧化气氛烧成）；原料中钛含量多，烧后呈黄色；原料中锰含量多，烧后呈淡棕色。而且，这些着色物质所带来的颜色混在一起是互相加深的，如铁和钛使呈色更深，影响透光度。

在铁、钛、锰中，以铁的危害程度最大。铁在陶瓷原料中以各种不同的形式存在，不同形式的铁的危害程度又不同，其中危害程度最大的是金属铁（主要是开采、加工过程中带入的铁屑），它不仅会使制品着色，还会使制品表面出现黑斑。危害程度其次的是铁的化合物，铁的化合物存在于菱铁矿、赤铁矿、褐铁矿、黄铁矿、硅酸铁、角闪石、黑云母等中，这其中又以菱铁矿的危害程度最大。

钛以金红石、钛铁矿等形式带入原料中，锰以软锰矿、硬锰矿、水锰矿、褐锰矿等形式带入原料中，这些都是陶瓷原料中的杂质，必须尽量减少。

二、各类原料的质量要求

1. 黏土原料的质量要求

黏土是多种细微矿物的集合体，就陶瓷生产所用的原料来说，常见的黏土有高岭土、瓷石、膨润土等类型，它们在制瓷中的作用不尽相同，质量要求也不能同一而论。

（1）高岭土的质量要求

1）化学组成要求。原料中的着色氧化物应尽量少，主要的着色氧化物是 Fe_2O_3 和 TiO_2。对于富铝高岭土，其 Fe_2O_3 和 TiO_2 的含量一般应不高于 1.2%，否则会给白瓷带来不良影响；对于富硅高岭土，其 Fe_2O_3 和 TiO_2 的含量一般应不高于 0.9%。

对于 SO_3 的含量，一般规定不能超过 0.3%。因为如果 SO_3 含量过多，在高温条件下所形成的 SO_2 会逸出，则易出现坯泡或釉面针孔等缺陷。

对于高岭土和其他黏土来说，一般要求 Al_2O_3 的含量高一些。对于不同类型的高岭土，根据实际情况又有不同要求，如一级高岭土的 Al_2O_3 含量一般高于 35%，二级高岭土的 Al_2O_3 含量一般高于 32%，三级高岭土的 Al_2O_3 含量一般高于 28%。

CaO、MgO、K_2O、Na_2O 的含量应尽可能少，因为这些成分在高岭土中会降低其耐火度，缩小烧结温度范围，含量过多时还会出现坯泡等缺陷。另外，CaO 含量过高还会影响釉面效果，当坯体中 CaO 的含量超过 1.5% 时，釉面会呈淡绿色。

2）细度要求。在陶瓷生产中，通常采用万孔筛（250 目筛，孔径 0.06 mm）来检验高岭土的细度。因为细度反映了高岭土的可塑性、结合性和干燥强度，以及其中非高岭土成分（如石英、云母等）的多少，故要求万孔筛筛余一般不超过 1%。

3）耐火度和烧结性要求。高岭土的耐火度和烧结性主要取决于其化学组成，其中 Al_2O_3 与 SiO_2 物质的量之比是很重要的参数，该比值越大，耐火度越高，烧结温度范围越宽。黏土的耐火度可根据试验测定，或根据化学组成按经验公式估算。对于富铝高岭土，其耐火度应不低于 1 650 ℃。

黏土的烧结性主要是指烧结温度范围，一般希望其烧结温度范围越宽越好，这对选择坯釉配方、确定烧成温度和拟定烧成制度具有重要的指导意义。

4）其他要求。对于高岭土的可塑性、结合性、收缩性、触变性等其他工艺性能，可视具体情况提出相应要求。

（2）其他类型黏土的质量要求。对于除高岭土以外的其他类型黏土来说，对其提出相应的质量要求对生产是有益的。例如，我国南方生产的大多数绢云母质瓷所用原料不同于国内外其他地区以高岭土、长石和石英为主要原料的三元系统瓷（长石质瓷），其坯料配方基本上是采用瓷石和高岭土两类原料。瓷石的主要矿物成分是绢云母、石英、少量高岭石等，经粉碎后也有称为瓷土的，它具有黏土的一般性能，其 SiO_2 的含量一般为70%~78%，Al_2O_3 的含量一般为13%~18%，Fe_2O_3 的含量一般为0.6%~0.8%。为了有利于生产的顺利进行，生产企业针对瓷石制定了一些相应的企业质量标准，如规定 SiO_2 的含量高于65%、Al_2O_3 的含量高于15%、Fe_2O_3 的含量低于0.7%、CaO 的含量低于1%。

2. 长石原料的质量要求

由于长石在陶瓷生产中用作熔剂原料，故要求 K_2O 和 Na_2O 的含量尽可能多，着色氧化物的含量尽可能少，并对其他氧化物（如 SiO_2、Al_2O_3 等）的含量也有一定要求，如 SiO_2 的含量一般为63%~68%，Al_2O_3 的含量一般为17%~23%，否则可能出现性能上的变化和配方上的设计困难。

在外观质量上，一般要求长石矿石呈致密块状，无明显云母和黏土杂质，无严重的铁质污染。长石矿石或粉末经1 350 ℃高温煅烧后应为半透明，呈乳白色或稍带淡黄色，无明显斑点和气泡。

陶瓷生产过程中一般采用钾长石（实际上是钾钠长石中含钾较多的矿石），这是因为钾长石熔融后的熔体黏度比钠长石高，且黏度随温度变化的速度慢，烧成温度范围也就较宽，因而易于烧成，也可防止高温变形等缺陷的产生。

长石的铁钛含量要求严格，一级长石中 Fe_2O_3 与 TiO_2 的总含量不高于0.2%。因为铁钛能使陶瓷制品的白度降低（长石常与云母、角闪石等矿物伴生，含铁矿物在高温下不能与长石互溶，因而使陶瓷制品出现黑色斑点），所以总含量不宜过大。

3. 石英原料的质量要求

陶瓷坯釉料大多使用石英，特别是长石质瓷的坯釉料，石英为其坯料配方中的三元组分之一。釉料中的石英在高温下与其他组分形成玻璃相，可以改善釉面性能。

制品用途不同，对石英的质量要求也不同，但总体上 SiO_2 的含量要高一些，而着色氧化物的含量要低一些，其他氧化物如 Al_2O_3、CaO、MgO、K_2O、Na_2O 等的含量也必须尽可能少，以便适应工艺配方的要求。在陶瓷生产中，常见的石英种类以脉石英为佳。日本在研究、配制精细瓷配方时，有意将黏土中所夹杂的石英剔除，而重新另加等量的脉石英，使制品质量有所提高。

一般优质石英的 SiO_2 含量在97%以上，着色氧化物的含量通常在0.3%以下，其他成分甚少。石英原矿为块状，呈白色或乳白色，透明或半透明，无严重的铁质污染。石英砂原矿为颗粒状，呈白色或灰白色，无明显云母和黏土杂质。生产中通常将石英分级使用。石英和石英砂原矿或粉末经 1 350 ℃高温煅烧后，要求一级、二级产品洁白或呈灰白色，三级产品呈白色或淡黄色。

釉用石英原料要求含有的着色氧化物更少，以确保釉面的白度。坯用石英原料对着色氧化物的要求稍低，但也应把好质量关。有的石英粉末虽然经 1 350 ℃高温煅烧，但由于条件不同，有时产物会出现淡红色或玫瑰色，经化学分析发现，其中的着色氧化物（如 Fe_2O_3、TiO_2 和 MnO）其实很少，在配料使用中并无影响，对于这种"假色"石英，不应轻易舍去，而应做进一步的化学分析和配方试验。

4. 滑石原料的质量要求

滑石是生产镁质瓷（如滑石质日用瓷）的主要原料，也是釉料的常用熔剂原料。在釉料中加入滑石可提高釉的热稳定性，改善釉的弹性，扩大釉的熔融温度范围，提高釉的白度。

由于滑石常与蛇纹石、绿泥石、透闪石、石英、方解石等矿物共生，因此有时为了进一步鉴定其成分，除采用化学分析方法外，还可利用偏光显微镜，并采用 X 射线衍射、差热分析等方法共同鉴定。

陶瓷生产中常将滑石预先煅烧再使用，这是因为多数滑石为片状结构，粉碎时易呈片状颗粒，在挤压成型时，坯料中的滑石易按一定方向排列，在烧成时由于不同方向的收缩不一致而易引起开裂。预先煅烧就是为了破坏滑石的片状结构，也可以减小烧成收缩率。

5. 其他原料的质量要求

对于作为釉用熔剂的方解石，因为用量较少，故要求其成分要纯。可根据其理论含量提出相应的要求，如 CaO 的含量在 55% 左右，烧失量在 43% 左右，酸不溶物的含量在 1% 以下，着色氧化物的含量一般不应超过 0.5%。

使用含锂矿物是为了用其中的 Li_2O 降低烧成温度和改善某些釉面性能，可根据实际情况要求含锂矿物的 Li_2O 含量，如可在理论含量以下进行规定（锂云母化学组成不稳定，Li_2O 的理论含量在 1.23% ~ 5.9%），同时也应对其他成分做相应规定，以免顾此失彼。

培训项目 4 陶瓷原料的加工处理

一、原料的开采与运输

1. 原料的开采

我国陶瓷产业历史悠久，近 20 年来发展更为迅速。随着陶瓷企业的生产规模和制品质量日益提高，行业对高品位矿物原料的需求量也越来越大。许多优质原料几近枯竭，而且价位高、产量少，远远满足不了需求。因此，在开采原料的过程中需要对矿物原料进行精准定位，合理地分选出优级原料和次级原料，从矿山的勘探、开采、精细加工、生态环境保护等方面进行系统性的分析研究，同时要推广陶瓷原料的标准化生产，拓宽原料的采购范围。

在开采加工过程中，应加强环境保护和废料的回收利用，减少“三废”的排放。例如，浮选工艺产生大量富含细颗粒的水，可先经大型多级循环设备沉淀，再由渣浆泵抽至压滤机回收，其固化后的尾砂可用于配制普通墙地砖坯料，沉淀后清水循环使用，无废水排出。在开采加工过程中宜采用流水线作业，以降低劳动强度。工艺流程全部采用物理方法分离杂质，不产生化学污染。破碎研磨过程可采用喷雾除尘和湿研磨方式，减少灰尘量。

2. 原料的运输

陶瓷原料从矿山到企业的运输方式主要有铁路运输、水路运输、公路运输等。运输过程中应避免混入杂质，防止原料散落，要有防雨防风措施，避免原料被雨淋或产生尘土。不同的矿物原料或不同批次的矿物原料应分开运输。

陶瓷企业内部的短距离运输方式主要有皮带输送、斗式提升机输送、管道输送等。皮带输送通常用来进行堆放矿物原料，以及进行配料后的输送；斗式提升机通常用来输送颗粒料或粉料；管道通常用来输送泥浆。

二、原料的预烧

1. 石英的预烧

陶瓷用石英原料大都采用脉石英或石英岩，它们都是质地坚硬的块状原料，莫氏硬度为 7，粉碎困难，粉碎效率低。天然石英是低温型的 β- 石英，当将其加热到 573 ℃时，低温型的 β- 石英转变为高温型的 α- 石英，其体积会骤然膨胀。利用石英的这一性质，将石英在粉碎前先煅烧到 1 000 ℃左右，可强化晶型转变，然后在空气或冷水中急冷，加剧内应力的产生，促使其碎裂。石英的预烧还可以使着色氧化物的呈色加深，并使夹杂物暴露出来，便于肉眼鉴别并进行拣选。

2. 滑石的预烧

滑石预烧后，结晶水被排除，原有结构被破坏，形成偏硅酸镁 $MgSiO_3$，不再是鳞片状结构，因而可以防止坯料分层及颗粒定向排列，避免制品变形及开裂，同时有利于滑石的细碎。滑石的预烧温度一般在 1 300 ℃左右。

3. 黏土的预烧

黏土有时需要预烧成熟料后使用，预烧的目的是调节坯料的可塑性、泥浆的流动性和渗透性，降低坯体的干燥收缩率，同时又不影响坯料中 Al_2O_3 含量对其性能的影响。黏土的预烧温度一般为 700 ~ 900 ℃。

三、原料的风干与风化

1. 原料的风干

将黏土原料进行风干后可以除去从矿坑带来的水分。风干的方法是将黏土原料放在四面通风的棚子里，由流动的空气使之干燥；或将黏土原料平铺在热坑上，加速其干燥。

2. 原料的风化

风化是指将开采出来的原料堆放在露天场地，经过长期的阳光照射、雨雪溶解和冰冻，使原料发生碎散、溶解与氧化的过程。对某些原料如硬质页岩和具有中低可塑性的黏土进行风化，可以使其中的水分分布均匀，提高可塑性，降低颗粒细度并形成腐殖酸，洗去部分可溶性盐类，提高耐火度，促进原料崩裂，有利于粉碎与选料。

风化最好经过冬夏两季。冬季主要使原料碎散、崩裂，夏季主要是焖料而增加腐殖酸。

天然原料中往往混有一定量的其他矿物或夹杂物，为了获得较纯净的原料，在风化处理的前后应各进行一次选料。风化前的选料可以防止某些杂质在风化过程中因碎解而混入原料中，若不在风化前进行选料，这些杂质是不易辨认的。风化后未碎散的夹杂物有的产生变色现象，有的则不与黏土同时风化碎散，易于进行选料。

四、原料的洗涤

石英原料与天然长石一样，其表面常夹带污泥、铁质等杂质，天然长石还常夹杂云母等矿物。对于污泥，可用洗石机清洗掉（碎屑原料可在振动筛上用水冲洗）；而对于云母、铁质等矿物杂质，则需要用锤子手工敲去。常用的原料洗涤设备有振动洗石机（见图 3–2）和滚筒洗石机（见图 3–3）。

图 3–2　振动洗石机

图 3–3　滚筒洗石机

五、原料的精选

精选的目的是将原料中的粗粒杂质，如石英砂、长石屑、石灰石颗粒、硫铁矿，以及树皮、树根等除去，以纯化原料。由于精选工序较复杂，成本也较高，因此通常只对杂质含量较多的高岭土与黏土，以及质量要求较高的原料进行精选。

1. 淘洗法（水簸法）

淘洗法是根据细粒原料与粗粒杂质悬浮在水中时的沉降速度不同来进行精选的。淘洗系统一般由粉碎机、搅拌机、除砂机、沉淀池、压滤机等组成。

淘洗前应先对在水中不能自行崩解的大块黏土进行粉碎，若原料中混有块状杂质，还要先进行粗筛。将粉碎好的高岭土或软质黏土与水搅拌混合后，使其从搅拌池流入除砂沟（需要过筛，以除去木屑、树皮、杂草等夹杂物），经过一定距离的流动，粗粒杂质在除砂沟中沉淀下来，而泥浆流至沉淀池；泥浆在沉淀池中经过一定时间的沉降后，排出沉淀池上部的清水，剩下较浓的泥浆，将其送至压滤机脱水，然后干燥。

2. 高梯度强磁选法

黏土原料中的铁钛氧化物杂质往往降低其使用价值，为了扩大这类原料的使用范围，需要寻求有效的能除去原料中铁钛氧化物杂质的方法，而利用磁场力极强的高梯度强磁选分离装置就能达到这一目的，大大提高原料的精选质量。

注意，磁选机只能除去强磁性含铁矿物，而高梯度强磁分离装置中的铁磁介质在磁场中被磁化时，其周围能产生很强的磁场力，能从通过铁磁介质的待选矿浆中吸出磁性较弱的铁钛氧化物、云母等杂质，从而降低黏土原料的铁钛含量。

3. 水力旋流法

水力旋流法是湿法精选原料的一种效率较高的方法，由于所需设备（水力旋流器）具有结构简单、投资少、维护方便、分离精度高、产量调整范围大等优点，因此在陶瓷生产中广泛用来精选高岭土矿。

水力旋流器的结构（见图 3–4）与旋风分离器相似，但尺寸小得多。如图 3–4 所示，泥浆在相当高的压力下通过给浆管，沿着圆筒的切线方向进入水力旋流器的短圆筒内，在离心力的作用下，粗的和重的颗粒被抛向水力旋流器的器壁，并沿着器壁向下滑行到圆锥体底部，从排砂管排出，而含细颗粒的泥浆则由溢流管排出。水力旋流法的工艺流程如图 3–5 所示，原料在搅拌池中加水充分搅拌后，经砂浆泵进入水力旋流器，粗的和重的颗粒进入沉淀池，而含细颗粒的泥浆排入溢流池。

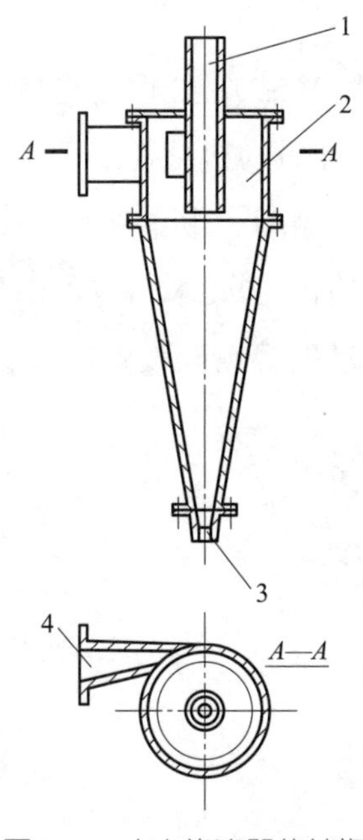

图 3-4 水力旋流器的结构

1—溢流管 2—短圆管

3—排砂管 4—给浆管

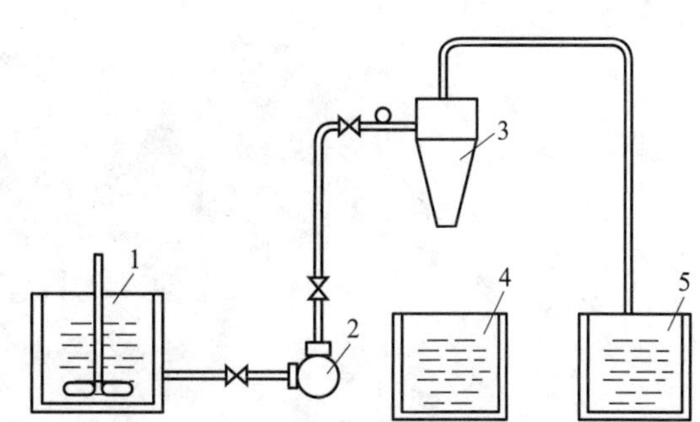

图 3-5 水力旋流法的工艺流程

1—搅拌池 2—砂浆泵 3—水力旋流器

4—沉淀池 5—溢流池

原料经过水力旋流法精选后，其化学组成和矿物组成均有改变。一般而言，精选后黏土矿物相应增加，SiO_2 含量降低，Al_2O_3 和 Fe_2O_3 含量提高，在配料时应特别注意。

4. 浮选法

浮选法是指以不同矿物表面被水润湿后性质不同为原理的精选方法。亲水矿物在水中易沉积，而疏水矿物则易浮起。为了提高浮选效果，通常要用与被选原料相适应的浮选剂（又称捕集剂）来使疏水矿物悬浮。

捕集剂在泥浆中是呈离子状态的，因而捕集剂能有选择地被疏水矿物所吸附，并靠液气、液固、气固各界面的吸附作用，使疏水矿物能随着捕集剂形成的泡沫浮起。

浮选法适用于精选带有含铁矿物和有机物的黏土，捕集剂可采用胺盐（如 NH_4NO_3）、Na_2CO_3、松油等。经浮选后，疏水的含铁矿物和有机物随捕集剂浮出，而亲水的高岭土则沉积于泥浆中。

浮选后的高岭土精泥浆需要经过洗涤、脱水、干燥。注意，用浮选法精选高岭土时，得到的精制料可能带入少量捕集剂，这会对精制料的性能带来影响。

六、原料的粉碎

陶瓷生产中使用较多的粗碎设备为颚式破碎机（见图 3–6a），处理后物料直径小于或等于 50 mm；中碎设备为轮碾机（见图 3–6b），处理后物料直径小于或等于 0.5 mm；细碎设备为环辊磨机（又称雷蒙机，见图 3–6c）和球磨机，处理后物料直径小于或等于 0.06 mm。此外，根据产量、颗粒形状和细度的要求，也可以采用笼式打粉机（见图 3–6d）、锤式破碎机（见图 3–6e）、振动磨等粉碎设备。

a）

b）　c）

d）　e）

图 3–6　陶瓷工厂常见的原料粉碎设备

a）颚式破碎机　b）轮碾机　c）环辊磨机　d）笼式打粉机　e）锤式破碎机

1. 用颚式破碎机粉碎

颚式破碎机是广泛使用的一种粗碎设备，其结构简单，操作方便，产量高。颚式破碎机的结构如图3–7所示，它利用活动颚板（简称动颚板）相对固定颚板（简称定颚板）所做的周期性往复运动，使两块颚板之间的物料破碎。颚式破碎机的出料粒度可通过调节出口处两块颚板间的距离来控制。通常颚式破碎机的粉碎比不大，且进料块度又很大，因此其出料粒度一般都较粗，出料粒度调节范围不大。

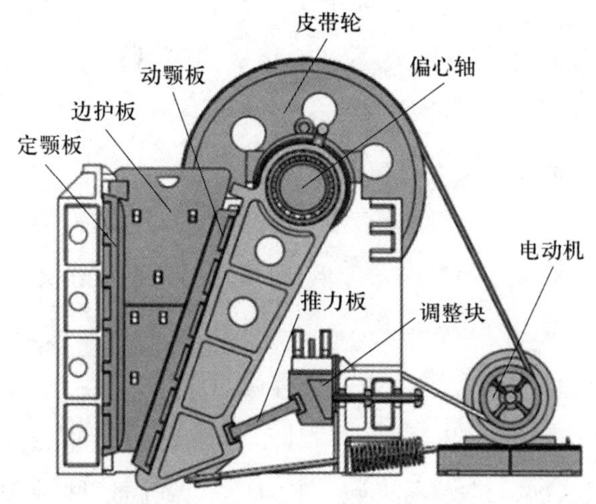

图3–7 颚式破碎机的结构

2. 用轮碾机粉碎

轮碾机是指利用碾轮和碾盘之间的相对运动，使碾盘上的物料受到挤压和研磨作用的粉碎机械设备。轮碾机通常用于中等硬度物料的粉碎（包括破碎和粉磨），也可作为物料混合之用。用轮碾机破碎时，制品的平均尺寸为3 ~ 8 mm；用轮碾机粉磨时，制品的平均尺寸为0.3 ~ 0.5 mm。轮碾机在粉碎过程中对物料还有碾、揉、拌的作用，有利于改善物料的工艺性能，易于控制物料的细度。可用石材制成碾轮和碾盘，以避免因铁质（用铁制成碾轮和碾盘时）掺入而造成物料污染。

3. 用环辊磨机粉碎

环辊磨机的优点在于粉碎效率高，粉碎比大（大于60），细度高（通常可达325目，粒径0.046 mm）。但当用环辊磨机细磨长石与石英等硬质原料时，锤辊由于转速高而磨损大，易使磨料中混入铁质，因此，要求后续工序加强除铁措施。环辊磨机的出料粒度是通过设备上部的风筛机来控制的，达到要求粒度的粉料由风筛机扫出，再通过旋风分离机收集。由环辊磨机粉碎的粉料通常是同一粒度，故不宜用于制备有粒级要求的粉料。

4. 用笼式打粉机粉碎

笼式打粉机是根据冲击破碎原理而设计、制造的，有内外两组笼条做高速相向旋转，物料自内而外被笼条撞击而粉碎，具有结构简单、粉碎效率高、密封性能好、运转平稳、便于清理、维修方便等特点。

笼式打粉机一般要求进料块度不大于 30 mm，湿度不大于 12%。笼式打粉机的产量取决于笼盘的尺寸，以及物料的黏性与湿度。对于笼式打粉机来说，提高笼盘转速可提高产量，但同时出料粒度将变小，而且当转速超过某一数值时，对产量与粒度的控制反而不利，因此不可一味提高笼盘转速。注意，操作笼式打粉机时，要严格防止硬石混入，否则笼条很快就会磨损或折断。

5. 用锤式破碎机粉碎

锤式破碎机适用于对中等硬度、脆性、磨蚀性弱的物料进行细碎，且物料的抗压强度应不超过 100 MPa，含水率应低于 15%。锤式破碎机可根据用户要求调整筛条间隙，改变出料粒度，以满足不同生产需求。它具有广泛的通用性，以及生产效率高、能耗小、使用安全、维修方便等优点。

锤式破碎机的结构如图 3–8 所示，其工作时主要靠冲击作用来使物料破碎，具体工作流程如下：物料进入锤式破碎机中，受到高速回转锤头的冲击而破碎；粉碎了的物料从锤头处获得动能，高速冲向架体内的锤盘、篦条板，同时物料相互撞击，进一步破碎；小于篦条板间隙的物料从间隙排出，个别较大的物料在篦条板上再次经受锤头的冲击，被研磨、挤压而破碎，最后从间隙排出，从而获得所需粒度的物料。

锤式破碎机的粉碎效果主要是由粉碎细度、单位粉碎时间的产量、粉碎过程的单位能耗等指标来进行评定的。这些指标与被粉碎物料的物理性质，锤式破碎机的结构，粉碎室的形状，锤头的数量、厚度和线速度，篦条板的形状及其间隙，锤头与筛面的间隙等因素有关。

6. 用振动磨粉碎

振动磨是一种新型超细粉碎设备，它是利用研磨介质做高频振动而将物料粉碎的。研磨介质的高频振动包括激烈的循环运动和自转运动，因此，振动磨对物料的研磨作用很大。另外，固体物料在结构上总是有缺陷的，物料块在高频振动条件下会在本身最弱的地方产生疲劳破坏，这就是振动磨能有效地对固体物料进行超细粉碎的原因。

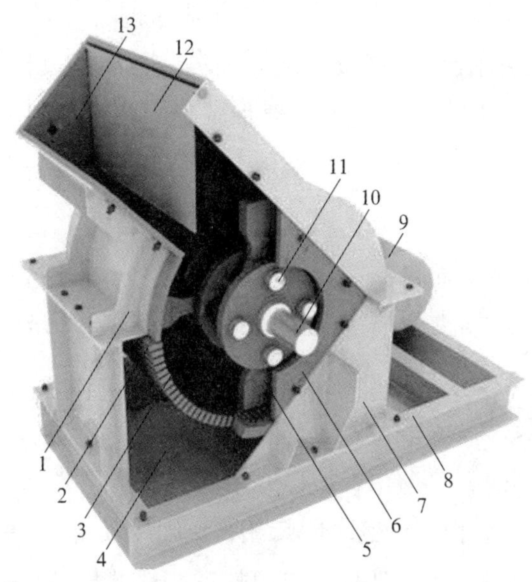

图 3–8 锤式破碎机的结构

1—上机体 2—篦条板 3—锤盘 4—出料口 5—锤头 6—侧衬板 7—下机体
8—支座 9—电动机 10—传动轴 11—锤头轴 12—入料口挡板 13—衬板

决定振动磨粉碎强度的主要因素是振动频率和振幅。振动频率和振幅直接影响研磨介质与物料的撞击次数和冲击力量。一般来说，振动频率高、振幅小时，粉碎强度较高。注意：增大振幅只能增强研磨介质对物料的冲击作用，这种作用仅在粉碎初期对粗颗粒有作用；而提高振动频率则能在单位时间内增加对物料的冲击次数，从而增强了对物料的疲劳破坏作用。振动磨的振动频率一般为 3 000 ~ 6 000 次 /min。另外，研磨介质的材质、大小与数量也是影响粉碎效率的因素。

七、原料的储存与使用

1. 矿物原料的储存与使用

（1）矿物原料的储存管理。矿物原料的种类有很多，为了方便取用，在将矿物原料放入仓库时，要做到堆放整齐。不同的矿物原料应按照不同的要求存放，并且做好标识，如黏土、膨润土最好置于室内堆放。对于瓷石、长石、石英等硬质原料，如果条件限制，可在室外堆放，但在大风、大雨天气时，要做好保护工作。露天堆放矿物原料时，应注意减少雨淋造成的原料流失，已破碎好的矿物原料最好在室内堆放。

（2）矿物原料的使用管理

1）加强仓库的管理，使仓库的库存量更大，原料质量更稳定。相关工作人员要熟知每个仓库所堆放的原料品种及其堆放情况。

2）准确核实原料配比，严格按照配方加料。在配料过程中做到原料不洒落、不外溢。操作人员在送料入球磨机时，要保证喂料机内的料放完，并将输送带沿线洒落的料用铲车铲干净，将洒落在球磨机、喂料机等设备上的原料也装入球磨机内。

3）每次用铲车铲完有色坯料时，必须先将铲斗、轮胎等处用水冲洗干净再配料。使用挖掘机时，遇到类似情况也要先冲洗再配料。另外，每配完一种料后，铲车铲斗内的余料一定要放回仓库。

2. 化工原料和颜料的储存与使用

（1）化工原料和颜料的储存管理。为了做好化工原料和颜料的储存管理工作，保证库存的合理性、有效性，做到“账账相符，账物相符”，要做到以下几点。

1）仓库管理员负责对各个品种化工原料和颜料的最高存量与最低存量进行正确的预测和分析，其原则是“既不影响生产，又不积压资金”，并将所设定的最高存量与最低存量的数据写在实物明细账上，以便随时跟踪检查。

2）化工原料和颜料进仓时应及时查验送货单，进仓原料的数量、品名、型号、规格、生产单位、日期等必须要和送货单一致，否则应请供应商或有关采购人员及时更正。相关信息核对正确后，将化工原料和颜料放入待验区域，及时请技术部负责人或相关使用人员进行品质检验，经检验合格后，请相关负责人在进仓验收单上签“合格”字样并签名，方可入库。凡检验不合格的化工原料和颜料一律拒收。

3）化工原料和颜料必须凭领料单发料，领料单上必须有相关负责人及领料人的签名，并详细记录发料的数量、品名、型号、规格、领料人、工号、日期等。

4）化工原料和颜料每天的进仓、出仓和结存数据都要及时记录，真实地记载“进、销、存”状况，做到日清日结。

5）储存化工原料和颜料的仓库要随时进行整理、清扫，物料要堆放整齐，保持过道畅通。物料卡上的内容要准确、规范、清晰，且挂于物料正前方。

6）要定期进行盘点，做好月度小盘、季度大盘、年终彻盘的工作，发现异常情况及时进行盘查，保证“账、卡、物”三方数据完全一致。

7）要针对各种化工原料和颜料的物化性质做好个人防护工作。

（2）化工原料和颜料的使用管理

1）使用化工原料和颜料的车间要注意防雨、防水，以防其变质。

2）化工原料和颜料投入使用时要重新称量，误差不能超过规定值。

3）在添加颜料前最好能检验或试烧，以保证发色正常。

思 考 题

1. 简述可塑性原料、瘠性原料、熔剂原料在陶瓷生产中的作用。
2. 原生黏土和次生黏土的性能有哪些区别？
3. 陶瓷生产中常用的化工原料有哪些？
4. 黏土的化学组成有哪些？了解其化学组成对陶瓷生产有何指导意义？
5. 黏土的颗粒组成对其工艺性能有什么影响？
6. 影响黏土可塑性的主要因素有哪些？
7. 黏土在加热过程中会发生哪些变化？
8. 对石英、滑石、黏土进行预烧的目的是什么？
9. 矿物原料在储存与使用时有哪些注意事项？

职业模块 4 陶瓷坯釉料制备基础知识

培训重点

了解注浆坯料的工艺要求。

熟悉注浆坯料的制备工艺流程。

了解可塑坯料的工艺要求。

熟悉可塑坯料的制备工艺流程。

了解压制坯料的工艺要求。

熟悉压制坯料的制备工艺流程。

了解制备坯釉料的常用设备。

培训项目 1 注浆坯料制备工艺与设备

一、注浆坯料的工艺要求

注浆坯料呈泥浆状，为了使其能在石膏模型内形成良好的坯体以及顺利地脱模形成坯件，注浆坯料应具有以下性质。

1. 注浆坯料应具有良好的流动性，以保证其在管道中顺利地被输送，以及注入石膏模型时顺利地流到各个部位。

2. 注浆坯料的含水率应尽可能低，以缩短模型的吸浆时间，减轻模型的吸水负担，更快、更好地达到坯件的形状和厚度要求。一般要求注浆坯料的含水率为30% ~ 35%。注浆坯料既要求含水率尽可能低，又要求流动性良好，因此单靠调节含水率是不能解决这个矛盾的，工业上靠加入电解质等解凝剂来达到这个目的。在加入解凝剂后，注浆坯料可达到相当于 50% ~ 60% 含水率的流动性。

3. 注浆坯料应有良好的悬浮性和稳定性，以保证在储存、输送及注入模型过程中不变质、不分层、不沉淀。

4. 注浆坯料应有良好的渗透性，从而加快水分向模型中扩散，提高成坯速度。

5. 注浆坯料应能使坯件有一定的干坯强度，且不含有空气，以保证后道工序的操作不会破坏坯件。

6. 注浆坯料的收缩率应小，干燥收缩率一般为 6% ~ 8%，烧成收缩率一般为 10% 左右，总收缩率为 12% ~ 15%。

7. 注浆坯料的细度要求应根据制品种类不同以及坯件的大小、厚薄不同而有所不同。一般来说，注浆坯料的细度越细，则悬浮性、稳定性就越好，但吸浆时间会更长。因此，对于一般中小件日用瓷来说，注浆坯料的细度宜控制在万孔筛筛余 0.5% ~ 1%；而大件制品的注浆坯料细度则宜控制在万孔筛筛余 1.5% ~ 3%。

8. 注浆坯料的相对密度一般控制在 1.65 ~ 1.9。在陶瓷生产中，习惯用相对密度来控制注浆坯料的含水率。相对密度可以通过增加水量或减少水量来调控，应根据制品的生产情况以及石膏模型的新旧程度、温度、含水率等来控制。

二、注浆坯料的制备工艺流程

常见的注浆坯料制备工艺流程如图 4–1 所示。

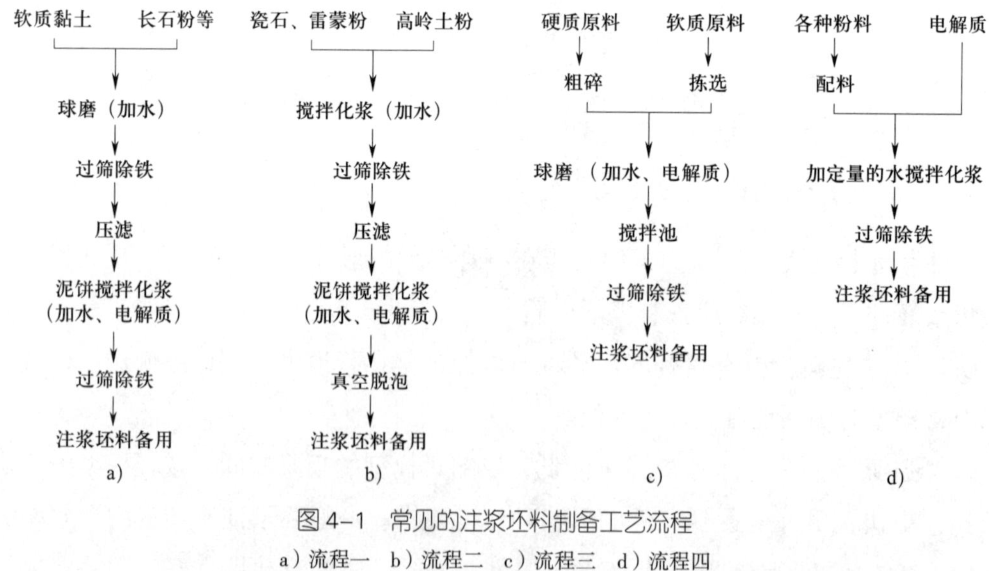

图 4–1 常见的注浆坯料制备工艺流程

a）流程一 b）流程二 c）流程三 d）流程四

流程一采用经过压滤的坯料进行搅拌化浆，滤去了原料中混入的可溶性盐类，从而改善了注浆坯料的稳定性，适合生产质量要求较高、形状复杂的制品。在泥饼搅拌化浆过程中，将泥饼先切割成小块再入池，需要加入一定量的电解质，如水玻璃和碳酸钠，或水玻璃和腐殖酸钠。

流程二使用了真空脱泡工艺，从而使注浆坯料的空气含量降低，制得的生坯强度得到提高。

流程三是只球磨不压滤的较简单的注浆坯料制备工艺流程。球磨机起到研磨、混合、化浆的作用。这种流程所需设备少、工序少、成本低，但是注浆坯料的稳定性较差。

流程四是最简单的工艺流程，注浆坯料的性质取决于粉料的颗粒、形状和加水量。

在以上四种工艺流程的实际应用中，常掺加一定量的回坯泥，干的回坯泥应浸泡、淘洗、过筛，湿的回坯泥应先球磨再过筛，然后在搅拌池中与新鲜注浆坯料混合。

三、注浆坯料的制备设备

1. 球磨机

球磨机是目前最广泛应用于陶瓷原料研磨与混合的机械设备，如图 4–2 所示。球磨机的主体是一种内装一定量研磨介质的旋转筒体，当筒体旋转时带动研磨介质旋转，靠离心力和摩擦力的作用将研磨介质带到一定高度，当离心力小于其自身重力时，研磨介质落下，冲击下部的研磨介质及坯料，坯料便受到冲击而被研磨。因此，球磨机对坯料的作用可以分为两个方面，一方面是研磨介质之间和研磨介质与筒壁之间产生研磨作用，另一方面是研磨介质下落时产生冲击作用。提高球磨机的粉碎效率就要从加强这两方面的作用入手。球磨机在较高粉碎效率阶段，可制得 0.04 ~ 0.06 mm 细度的物料，且万孔筛筛余小于 3%；在特殊情况下，物料细度可达到 0.01 mm 及以下。

图 4–2　球磨机

为了防止研磨与混合过程中混入铁质，球磨机均采用石质材料或橡胶材料做衬里，并以瓷球或硅石为研磨介质。球磨机采用橡胶材料做衬里时，不但能增加有效容积、提高产量，还可以降低能耗、减小噪声、改善车间的工作环境。这种球磨机磨出来的坯料颗粒较粗，粒度分布范围较窄，会影响注浆坯料的使用性能，但对再制成干压坯料和可塑坯料没有影响。

间歇式湿法球磨机几乎是日用陶瓷厂家制备坯釉料的必用设备。其原因是采用湿法球磨方式时，水分对原料颗粒表面的裂缝有劈尖作用，并能防止原料结团，粉碎效率比干法球磨方式高，制得的可塑泥与注浆坯料的质量也更好，还有利于提高除铁效率，减少扬尘。但是与其他细碎设备相比，间歇式湿法球磨机的能耗仍然较大，粉碎效率仍然很低，因此，如何提高粉碎效率就成为一个重要课题。

2. 磁选机

注浆坯料中的含铁杂质可分为金属铁、氧化铁和含铁矿物，这些含铁杂质有的来自原矿，有的在制备过程中混入。原矿中夹杂的铁质多半是含铁矿物，如黑云母、角闪石、磁铁矿、褐铁矿、赤铁矿、菱铁矿等。

注浆坯料中混有铁质将使制品的外观受到影响，如降低白度与透光度，产生斑点等。因此，在注浆坯料的制备过程中，除铁是一道重要工序，其目的是清除含铁杂质，提高制品的白度和透光度。

原矿中的铁质矿物大部分可采用选矿法与淘洗法去除，但这两种方法仅对一些含有铁质的粗粒原料较为有效。对于细粉状的原料，可用磁选机进行磁选处理。磁选时只能去除强磁性含铁矿物如金属铁、磁铁矿等，而弱磁性或非磁性含铁矿物如菱铁矿、黄铁矿、黑云母等则不能去除。

磁选机有干法与湿法两种。干法一般用于分离中碎处理后粉末中的铁质，而湿法一般用于分离注浆坯料中的铁质。目前，常用的干法磁选机有电轮式磁选机、滚筒式磁选机、传动带式磁选机等。由于物料与磁极间存在间隙，因此，实际上干法磁选机的有效磁场强度很低，只在料层较薄的情况下对强磁性含铁矿物有效，即磁选效率很低。

在湿法磁选机中，一般采用过滤式磁选机，如图 4–3 所示。操作时先在线圈中通入直流电，使筛格板的铁芯磁化，将注浆坯料由漏斗加入，然后在静水压的作用下，注浆坯料由下往上经过筛格板，则含铁杂质被吸住，而净化的注浆坯料由溢流槽流出。湿法磁选机有时也使用磁棒（见图 4–4）或除铁槽（见图 4–5）进行注浆坯料的除铁，除铁效果较好。

图 4-3 过滤式磁选机

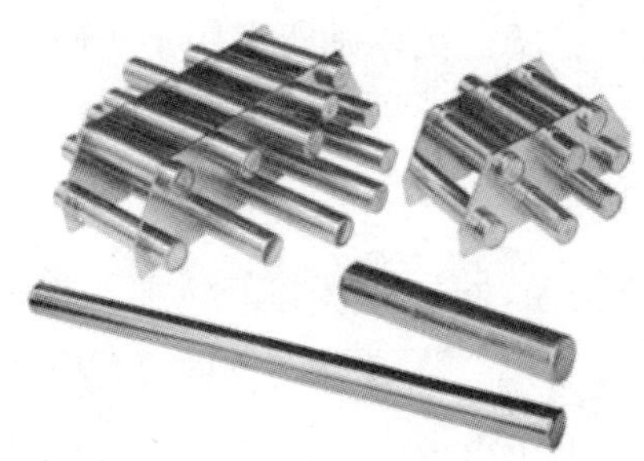

图 4-4 磁棒

为了提高除铁效率，可将湿法磁选机多级串联使用。另外，将振动筛和磁选机配合使用，能更好地除去含铁杂质。

图 4-5 除铁槽

3. 筛分设备

将固体物料按照不同尺寸分为若干级别的操作过程称为分级。为了完成分级操作，可以把固体物料放在具有一定孔径的筛网上进行摇动或振动，使小于筛网孔径的物料颗粒通过筛孔，而大于筛网孔径的物料颗粒则留在筛网上，这种分级方法称为筛分。筛分机械设备工作时，通过筛孔的物料称为筛下料，留在筛网上的物料称为筛上料，而进入筛分过程的物料称为筛分原料。

（1）筛分的作用。在陶瓷生产中，筛分的作用主要有以下几点。

1）使原料颗粒满足下一道工序的需要。例如，轮碾机处理后的原料需要经过筛分去除较大颗粒，以保证球磨机进料块的均匀性。

2）在粉碎过程中及时筛去已符合细度要求的颗粒，使粗颗粒获得充分粉碎的机会，提高设备的粉碎效率。

3）确定颗粒的大小及其比例，并限制原料中粗颗粒（允许的）的含量，提高制品品质。

（2）筛分的类型。筛分有干筛和湿筛两种。干筛的筛分效率主要取决于物料湿度、物料层厚度和物料相对于筛网的运动形式。当物料的湿度较大时，容易黏附在筛网上，使筛孔堵塞影响筛分效果。当物料层较薄，筛网与物料之间的相对运动较剧烈时，筛分效率就更高。湿筛的筛分效率主要取决于注浆坯料的稠度和黏度。

（3）常用的筛分设备

1）摇动筛。这种筛分设备利用曲柄连杆机构使筛网做往复直线运动。摇动筛常用来分离 12 mm 以下的物料，一般用于中碎后分离细粒，并与中碎设备构成闭路循环系统。摇动筛既可用于干筛，又可用于湿筛。

2）回转筛。在回转筛的工作过程中，由于筛网仅做回转运动，在筛分时物料与筛网之间的相对运动很小，使大部分细粒分层于上层而没有被分离出去，因此筛分效果较差。回转筛的转速不能太快，否则物料会紧贴在转筒的内壁上而达不到筛分效果。在各种类型的回转筛中，多角筛比圆筒筛的筛分效率高，因而在陶瓷生产上用得更多。

3）振动筛。振动筛（见图 4–6a）的筛网（见图 4–6b）不仅发生偏移运动，还发生上下振动。振动筛具有振幅较小（1 ~ 3 mm）、振动频率较高的特点，可增大物料与筛网的接触面积，防止筛孔堵塞，故其筛分效率较高，通常用于中碎后原料的筛分。目前，振动筛应用较多，尤其是机械振动筛的使用更为普遍。

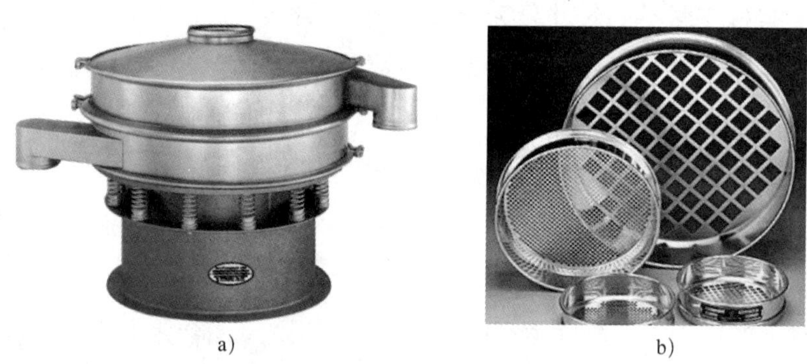

a)　　b)

图 4–6　振动筛及其筛网

a）振动筛　b）筛网

4. 搅拌设备

搅拌工序不仅能使储存的注浆坯料保持悬浮状态，防止其分层，还能使黏土或回坯泥加水后浸散，而且能用于粉料配料时的化浆。

常用的注浆坯料搅拌机有框式搅拌机（见图 4–7a）与螺旋桨式搅拌机（见图 4–7b）。框式搅拌机虽然结构简单，但搅拌效率较低，尤其是当注浆坯料沉淀后，很难再将其搅拌均匀，故工厂多采用螺旋桨式搅拌机。螺旋桨式搅拌机的螺旋片倾斜角向下，有把注浆坯料往上翻动的作用，因此，它能将已经沉淀的注浆坯料翻起来，将注浆坯料充分搅拌均匀。

搅拌池多用混凝土浇筑而成，要求较高的也可在池壁上贴瓷砖。采用螺旋桨式搅拌机时，为了提高桨叶与注浆坯料间的相对运动速度而得到较好的搅拌效果，搅拌池的横截面多做成正多边形，现常采用八边形。但是，正多边形的边数过多，

a)

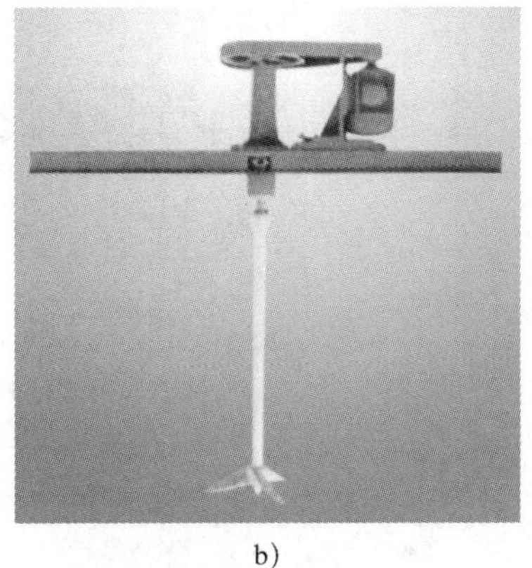

b)

图 4-7　常用的注浆坯料搅拌机

a）框式搅拌机　b）螺旋桨式搅拌机

提高桨叶与注浆坯料间相对运动速度的效果并不好；而边数过少，则易产生死角。如果采用圆形搅拌池，则注浆坯料在搅拌时会随桨叶一起旋转，搅拌效果较差。另外，根据搅拌时注浆坯料的运动特性，在螺旋桨的下方，流线比较集中，而在搅拌池底部的四周，注浆坯料的流速很小，往往成为搅拌不到的死角。为了避免这种情况，搅拌池底部通常做成半锥角为 45°的棱锥形。同时，为了保证安全及防止杂物掉入，搅拌池池口必须用木板等盖严，或直接用混凝土浇筑成留有人孔的结构。

搅拌泥浆时也可以采用气流搅拌。这种方法装置简单，只要在搅拌池中插入一根或几根开有小孔的气管，间断地通入压缩气体就可以达到搅拌的目的。所用压缩气体的压力通常为 0.2 ~ 0.4 MPa。采用气流搅拌还可以有效地防止铁质和油污混入。

培训项目 2 可塑坯料制备工艺与设备

一、可塑坯料的工艺要求

1. 具有良好的可塑性

可塑性是可塑坯料的主要工艺性能，是成型的基础。为了保证可塑坯料在各种成型操作条件下能够顺利延展成需要的形状，要求可塑坯料具有良好的可塑性。

2. 在具有可塑性的条件下，可塑坯料的含水率应尽可能低一些

可塑坯料含水率的高低应与可塑性要求相适应。可塑坯料的含水率取决于物料的性质和采用的成型方法，一般在 19% ~ 26%。手工成型（拉坯、印坯）的可塑坯料含水率应在 24% 以上，旋压成型的可塑坯料含水率应在 21% ~ 25%，滚压成型的可塑坯料含水率应在 20% ~ 22%。

3. 收缩率不能太大

可塑坯料的收缩率对坯体造型与尺寸的稳定性影响较大，特别是在调整配方时有重要意义，还涉及模型及匣钵等配套用品的尺寸变动以及制品尺寸的稳定。另外，可以通过收缩率衡量可塑坯料的成型性能和烧成性能。可塑坯料的干燥收缩率一般在 4% ~ 7%，烧成收缩率一般在 9% ~ 11%，总收缩率一般在 13% ~ 16%。

4. 干坯强度应较高

干坯强度是指坯体干燥后的机械强度，是衡量坯体干燥后性能好坏的重要指标，是坯料结合性能的具体体现。常用抗折强度来表示干坯强度。坯体的干坯强度越高，则修坯、施釉、作画等在生坯上进行的操作就越顺利，坯件的破损程度就越小，半成品率就越高。影响干坯强度的主要因素是所用黏土的种类及结合性能的强弱。一般情况下，在坯料中引入结合性能良好的黏土，并对坯料进行细粉

碎，能获得较高的干坯强度，也有利于半成品质量的稳定和提高。为了保证各生产工序的顺利进行，干坯强度即坯体的抗折强度一般在 1 MPa 以上。

5. 细度应合适

可塑坯料的细度严重影响其工艺性能。例如，细颗粒的增加会相应地提高可塑坯料的可塑性、干坯强度，提高坯体在烧成过程中的固相反应速度，节约能源，提高制品质量。然而，可塑坯料中的细颗粒含量过高、过细时，不仅会加大加工难度，还会提高成本，提高可塑坯料在成型时的含水率，给成型带来困难，而且会延长干燥时间，加大坯料的干燥收缩率，导致坯体变形或开裂。陶瓷生产中一般用万孔筛筛余来表示坯料细度的大小。可塑坯料的细度是根据所采用的成型方法和制品的性能要求来确定的，一般可塑坯料的细度应控制在万孔筛筛余 1.5% 以下。

6. 空气含量应较低

可塑坯料中含有 7% ~ 10% 的空气，这些空气以分散的气泡状态存在于可塑坯料中，可吸附在颗粒表面。空气泡可以降低可塑坯料的可塑性，从而影响可塑坯料的操作性能及制品的强度，应通过陈腐、真空练泥等工艺措施排除空气，改善可塑坯料的成型性能。

二、可塑坯料的制备工艺流程

可塑坯料的制备工艺流程主要有两种，如图 4–8 所示。

流程一采用粉料进厂，在称量配料后搅拌化浆。这种可塑坯料的制备工艺流程的特点如下：不用球磨，可降低成本，减少能耗；原料生产专业化、规格化，能保证和提高出料质量，有利于制品质量的稳定。

流程二中将粗碎或中碎后的硬质原料和软质原料按照配方称量，再一起进行球磨，这样得到的可塑坯料均匀性好，颗粒级配较理想，且细颗粒较多，有利于提高可塑性，但球磨效率低、能耗大。

三、可塑坯料的制备设备

1. 压滤机

采用湿法球磨机制备坯料时，其含水率通常在 60% 左右，而可塑坯料的含水率要求为 19% ~ 26%，因此，制备可塑坯料时必须经过脱水工序除去多余的水分，以满足成型需要。把泥浆中部分水分除去的操作称为脱水。脱水操作一般采用压滤脱水法，也有采用喷雾干燥法的。

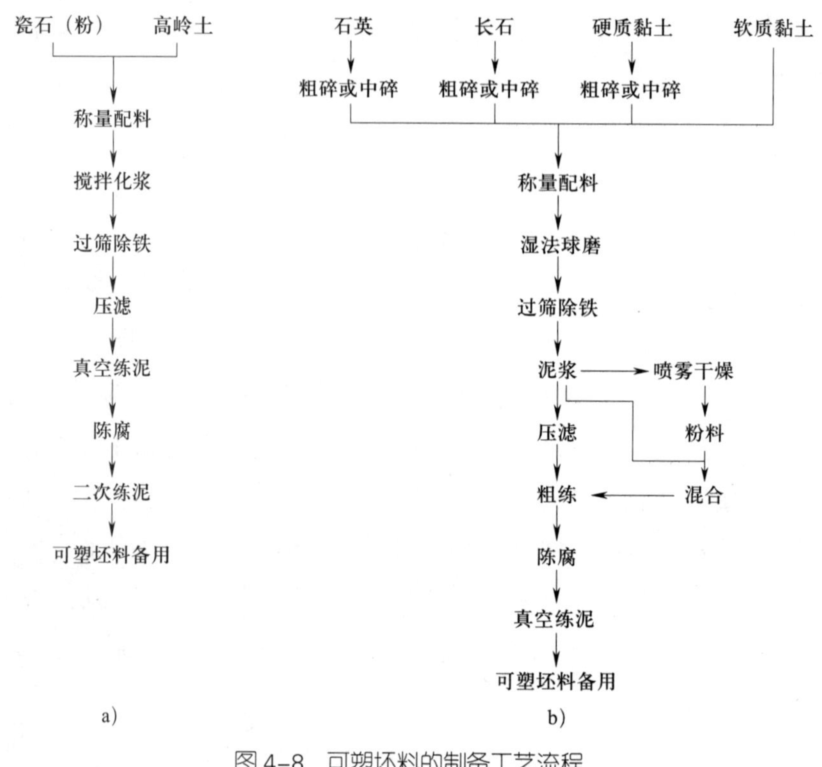

图 4–8　可塑坯料的制备工艺流程

a）流程一　b）流程二

压滤脱水法简称压滤，是指将泥浆输送到具有很多毛细孔的过滤介质中，在压力作用下，泥浆中的水分自毛细孔通过，将固体物料截留在过滤介质上，从而把泥浆中的水分除去的操作方法。压滤时的泥浆输送设备主要有双缸隔膜泵（见图 4–9）和双缸柱塞泵（见图 4–10）。双缸柱塞泵将泥浆从贮浆池中吸入，并以一定压力将泥浆压入压滤机内，在排除部分水分后得到含水率较低的滤饼，其工作场景如图 4–11 所示。压滤机按照滤室的构造不同分为箱式压滤机（又称凹板型压滤机、单式压滤机）和板框式压滤机（又称复式压滤机）。其中，板框式压滤机如图 4–12 所示，其工作场景如图 4–13 所示。

压滤机主要由许多双面凹入的方形滤板或圆形滤板所组成，每两片滤板之间有滤布并形成一个“过滤室”，滤板与滤布如图 4–14 所示。在滤板凹入的表面上刻有环形沟纹，泥浆在压力作用下从进浆孔进入“过滤室”，水通过滤布沿着环形沟纹从排水孔排出，两滤板之间则形成了泥饼。当水停止排出时，可以打开滤板取出泥饼。压滤时间一般为 45 ~ 65 min，回坯泥的压滤时间则更长。

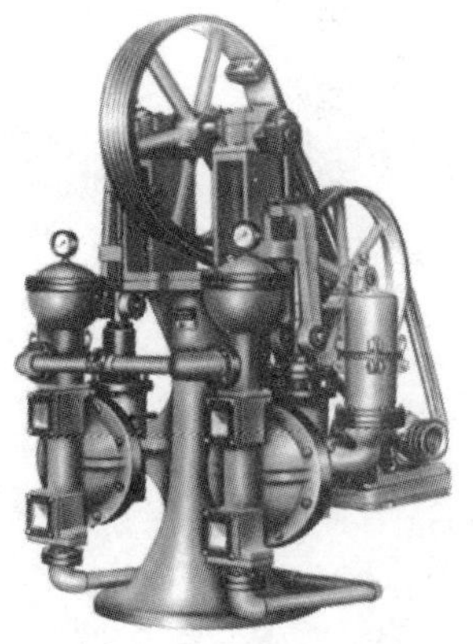

图 4-9　双缸隔膜泵

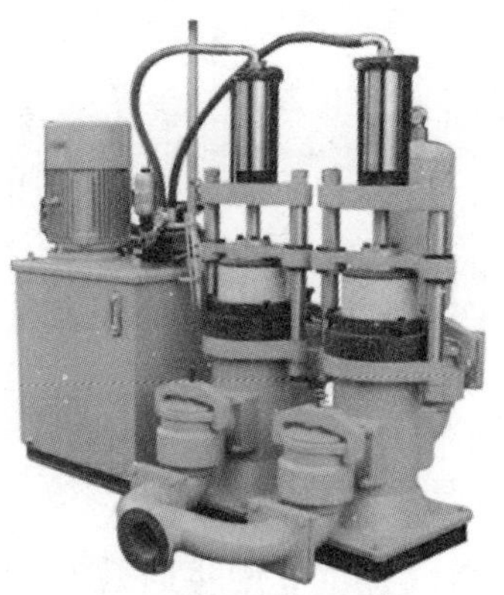

图 4-10　双缸柱塞泵

图 4-11　双缸柱塞泵的工作场景

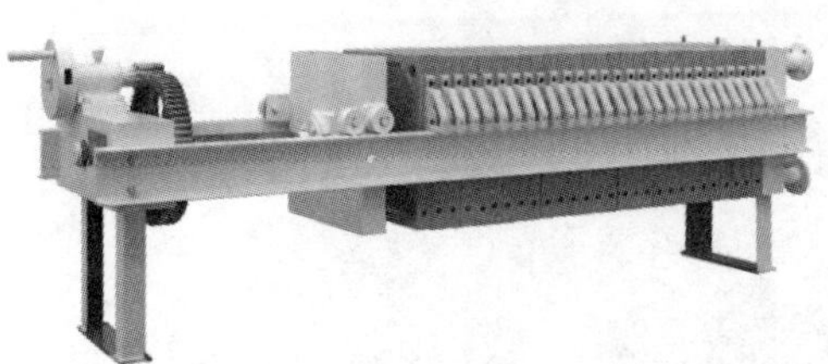

a)

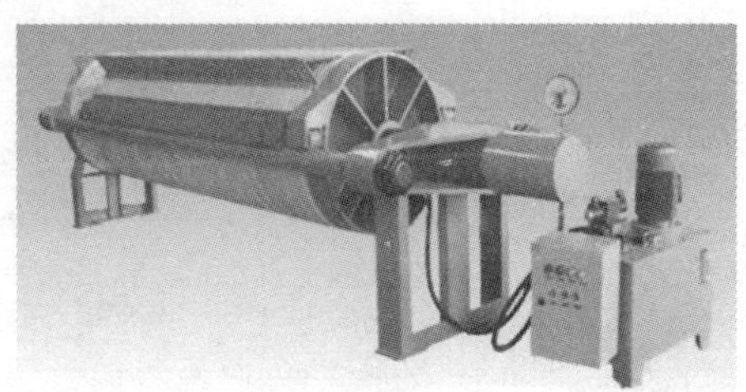

b)

图 4-12　板框式压滤机

a）方框式　b）圆框式

图 4-13　板框式压滤机的工作场景

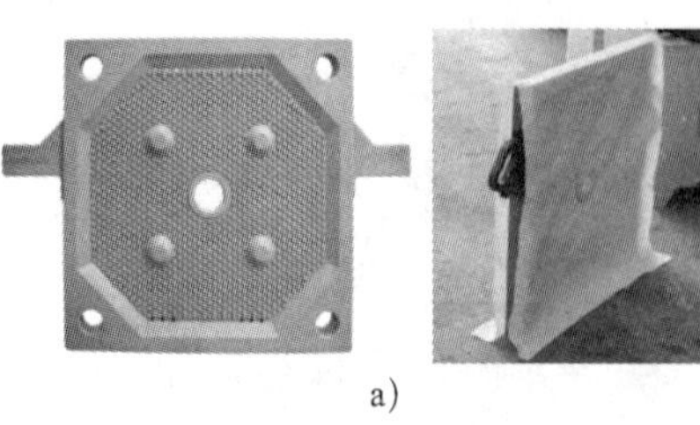

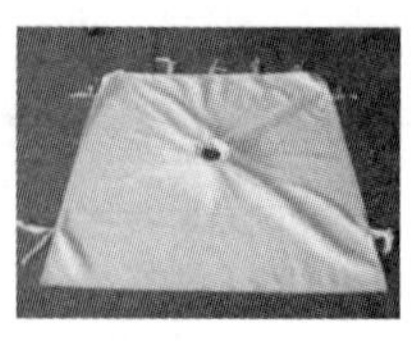

a）　　　　　　　　　　b）

图 4–14　滤板与滤布

a）方形滤板与滤布　b）圆形滤板与滤布

压滤是陶瓷生产中生产效率较低、劳动强度较大的一道工序，为了减轻劳动强度，可将压滤机安装在离地面高 1.5 ~ 2 m 的平台上，在平台下面设有小车或皮带运输机，从滤布上脱下来的泥饼可以直接落在小车或皮带运输机上，送往储泥库陈腐或送入真空练泥机进行加工处理。

2. 储泥库和真空练泥机

经过压滤所获得的泥饼（见图 4–15）的组织是不均匀的，且含有 7% ~ 10% 的空气。不均匀的泥饼在干燥和烧成时会产生不均匀的体积收缩，而空气的存在不但降低泥饼的可塑性，还会导致气泡、分层、裂纹等缺陷的产生。因此，脱水后的泥饼还要进行陈腐与真空练泥。

图 4–15　经过压滤所获得的泥饼

（1）泥饼在储泥库中陈腐。经过细磨后的坯料（包括注浆坯料、可塑坯料、压制坯料）陈放一段时间后，其中的水分均匀分布，性能得到提高，这在工艺流程上称为陈腐，又称困料或焖料。

泥饼的陈腐是在阴暗、潮湿、温暖的储泥库内（最好在地下室内）进行的，一般要陈放一段时间。陈腐可以促使泥饼中的水分均匀分布，同时细菌的作用促使有机物腐烂，并产生有机酸使泥饼的可塑性进一步提高。

储泥库要求能保持一定的温度和湿度，以利于泥饼的氧化和水解反应的进行。因此，储泥库通常要求密闭，并装有喷雾器，供喷水或喷蒸汽之用。

陈腐时间可以是几十天甚至几个月，时间很长，不能排除泥饼中的空气，且储泥库占用面积较大，因此，有些工厂采用多次真空练泥来代替陈腐。

（2）泥饼的真空练泥。真空练泥是排除泥饼中残留空气的工艺流程。真空练泥可提高泥饼的致密性和可塑性，并使其组织均匀，改善其成型性能，提高其干燥强度和成瓷后的机械强度。

真空练泥机是一个机组，它是在真空状态下精练泥饼的工作机，无论是何种真空练泥机，都由主机和抽真空系统组成。主机由传动部分、搅泥部分、挤泥部分、机座、其他相关监控装置等组成；抽真空系统由真空泵、过滤装置以及相关的阀门、管路附件等组成。根据结构上的不同，常见的真空练泥机有双轴练泥机（见图 4–16）和单轴练泥机（见图 4–17）之分。泥饼进入真空室时被切成细条或薄片，而空气被抽吸走，坯料被挤出后就形成具有一定规格的泥条（见图 4–18）。一般真空室的真空度应保持在 700 ~ 740 mmHg（1 mmHg ≈ 0.133 kPa）。

图 4–16　双轴练泥机

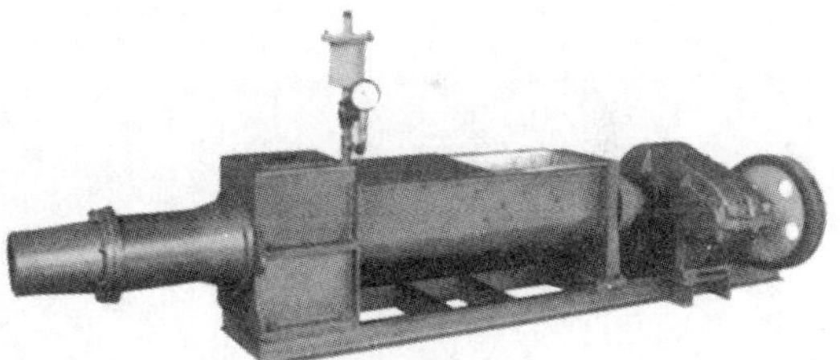

图 4–17　单轴练泥机

图 4–18　泥条

各种陶瓷制品的生产，从砖瓦、陶管、大缸到电瓷、日用瓷等，只要采用塑性成型的方法，几乎全要用真空练泥机制备坯料。若在真空练泥机的机头前端装上磨具，使挤出的坯料具有要求的形状和尺寸，则可兼做挤压成型机使用，此时称其为真空挤泥机。

培训项目 3 压制坯料制备工艺与设备

一、压制坯料的工艺要求

压制坯料是压制成型用坯料的简称，其工艺要求具体如下。

1. 含水率及水分均匀性要求

若压制坯料含水率过低，在加压成型时，颗粒移动的阻力较大，则不太容易使坯体致密。当压制坯料含水率升高时，由于水有润滑作用，因此颗粒的摩擦阻力小，坯料流动性好而容易压实，但相对来说干燥收缩率就会增大。一般干压坯料的含水率宜控制在 4% ~ 7%，有时可在干压坯料中添加有机黏结剂，使含水率降低。干压成型时要注意坯料含水率的波动情况及水分分布的均匀性，局部过干或过湿都会导致成型困难，甚至引起制品开裂、变形。

2. 粒度要求

压制坯料的粒度大小和粒度分布必须适当，以满足成型过程和烧结过程的要求，并得到性能符合要求的制品。

3. 堆积要求

如果压制坯料的颗粒大小均匀一致，则颗粒间的空隙较多，尤其是当颗粒呈球形时，其气孔率可达 45%。如果两种大小不同的颗粒混合在一起，而且平均直径之比是 2 : 1 至 10 : 1，则小颗粒填塞在大颗粒间的空隙中，从而能提高压制坯料的堆积密度，也提高了坯体的致密度。

4. 流动性要求

压制坯料的流动性决定了成型时它在模型中的填充程度。流动性良好的压制坯料在成型时能较快地填充到模型的每个角落，同时也有利于压制过程的进行。压制坯料的流动性与粒度分布以及颗粒的形状、大小、表面状态等因素有关。

5. 添加剂要求

在压制坯料中往往加入一定种类和数量的添加剂，以减小颗粒之间及坯料与模型之间的摩擦力，加强颗粒之间的黏结作用，促进颗粒润湿或变形，从而提高坯体的密度和强度，减少密度不均匀的现象。

二、压制坯料的制备工艺流程

压制坯料的制备工艺流程如图 4-19 所示。压制坯料可以采用干法制备，也可以采用湿法制备。陶瓷生产中多采用湿法加工工艺来制备压制坯料，即先参照可塑坯料的湿法制备工艺流程制备好泥浆，然后采用喷雾干燥法制备坯料，再过筛、陈腐焖料。

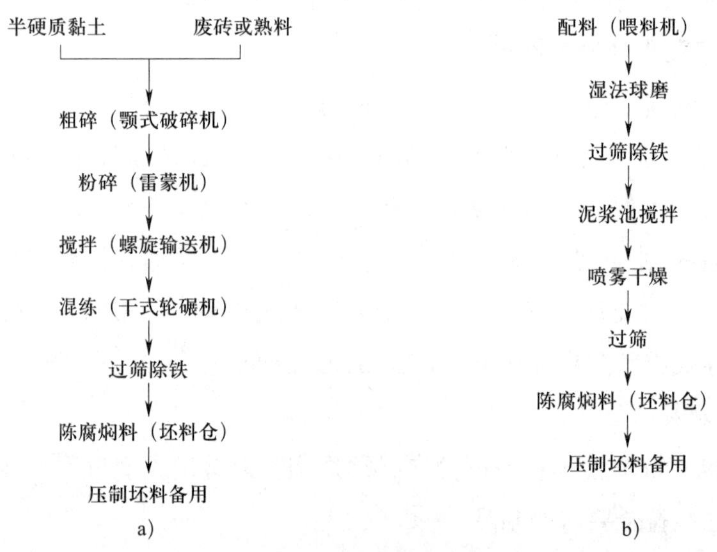

图 4-19　压制坯料的制备工艺流程

a）流程一　b）流程二

流程一采用干法制备压制坯料，其工艺流程简单，设备投资少，且较易形成机械化作业流水线，不必先制备泥浆然后又将泥浆脱水，因而燃耗、电耗、水耗均低；但缺点是干粉除铁效率低（对于红色地砖和各种有色墙地砖的生产来说，这个问题不必考虑），颗粒润湿不均匀，成型性能差且影响制品的烧结，还有严重的粉尘问题，必须注意设备的密封并安装防尘设施。

流程二采用湿法制备压制坯料，解决了中碎工序的粉尘问题，整个加工过程变固体输送为流体输送，大大降低了劳动强度，改善了劳动条件。有些工厂会先采用干碾方法中碎硬质原料，再将其与软质黏土同时装入湿式球磨机细磨。

三、压制坯料的制备设备

某企业压制坯料的制备设备如图 4-20 所示，主要包括喂料机、原料皮带输送机、球磨机、除铁设备、振动筛、搅拌机、贮浆池、柱塞泵、喷雾干燥塔、坯料皮带输送机、斗式提升机、坯料仓等。

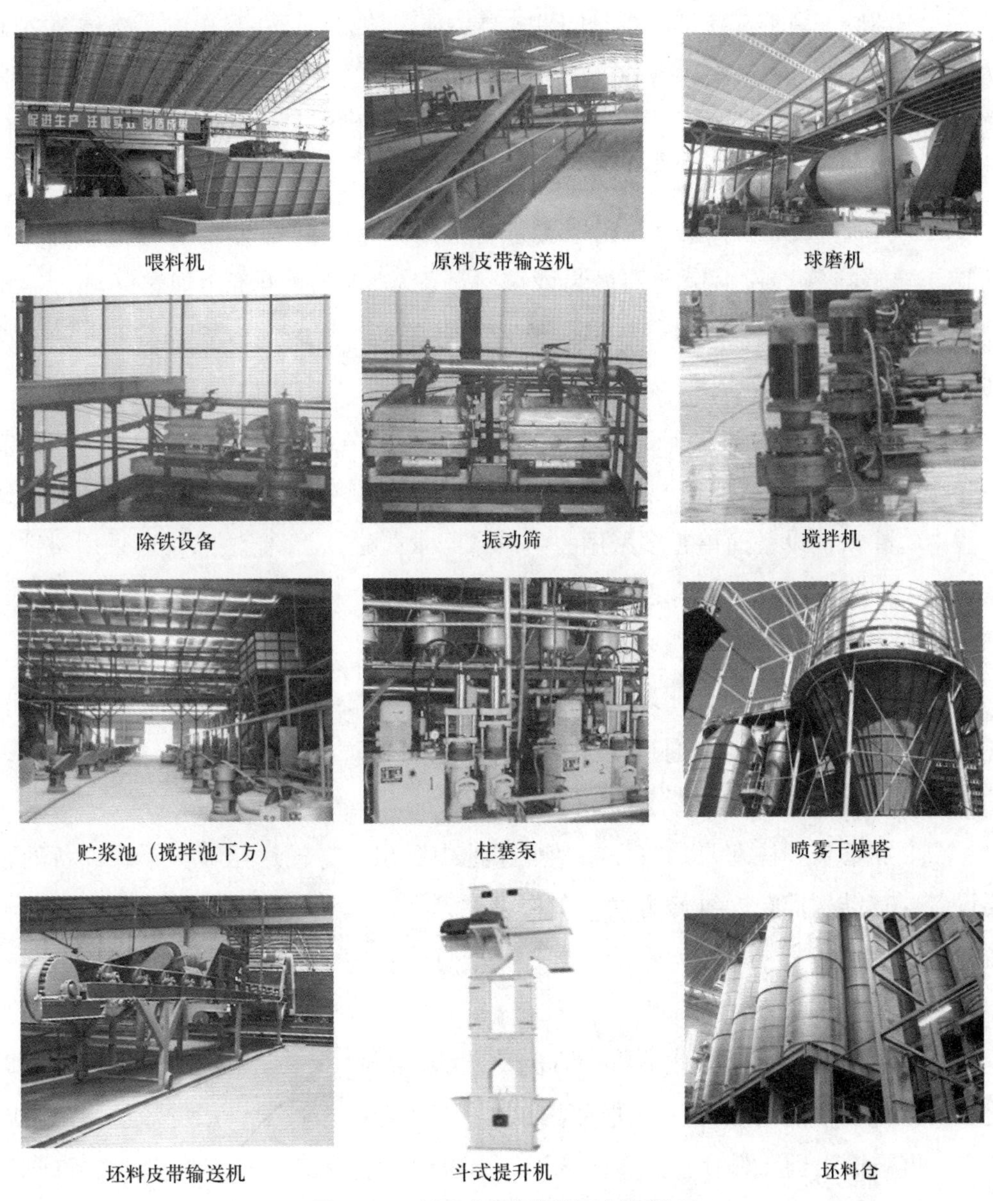

图 4-20　某企业压制坯料的制备设备

1. 坯料配制与制备设备

（1）配料。配料设备有喂料机、皮带输送机等，与电子秤等形成一体式配料系统。

配料时应严格按照技术部门下达的配方进行操作，定期测量原料的含水率，如果原料的含水率波动较大，应及时调整配方。配料时称量应准确，特别是减水剂与色料的用量应严格控制。注意装料顺序，以方便运输和减少扬尘为原则。同时注意原料位置，不能配错原料。若原料中混有杂物，应及时清除。

（2）球磨。目前广泛采用的是间歇式球磨机，该设备已由过去的每次球磨 20 t、30 t，发展到现在的每次球磨 60 t、100 t。球磨前注意水、助磨剂、色料的加入比例，同时注意球石的补充。达到球磨时间后，球磨机中的泥浆在检验合格后才能排出。

（3）过筛除铁。球磨后的泥浆要进行过筛，常用的筛分设备有振动筛、摇动筛、旋转筛等，其中振动筛最为常用。釉面砖和瓷质砖所用泥浆的细度一般控制在万孔筛筛余小于 1%，红坯墙地砖所用泥浆的细度一般控制在万孔筛筛余 3% ~ 7%。

原料本身含有的和加工过程中带入的铁质，对白色制品的呈色不利，因此需要多次除铁。除铁分为干法除铁和湿法除铁。干法除铁效率低，多用于坯料输送过程中的除铁，设备简单（多采用一组或数组永久磁铁）。湿法除铁可采用磁选设备，用于球磨后泥浆入池前的过程中。

2. 泥浆搅拌、储存与输送设备

（1）泥浆搅拌与储存。球磨后的泥浆含水率在 34% ~ 48%，需要存放在设有搅拌机的搅拌池里，泥浆通过搅拌保持悬浮状态，防止分层、沉淀，并达到均匀的目的。之后泥浆进入贮浆池。

（2）柱塞泵。柱塞泵是将泥浆从贮浆池中吸出，并输送至喷雾干燥设备的主要设备，其结构简单、维修方便、工作可靠，在输送泥浆时可提供较大的压力和较高的流量。

3. 喷雾干燥设备

喷雾干燥法是指用雾化器将具有流动性的泥浆喷入干燥塔内进行雾化，被雾化后的雾粒在塔内与从另一路进入塔内的热气相接触而被干燥形成颗粒，由塔底漏出，再被输送到坯料仓中陈腐、备用。用这种方法制造出的坯料形状接近球形，具有理想的流动性，能满足干法成型的要求。喷雾干燥工艺产量大、劳动强度小，可以连续生产，为自动化成型工艺创造了良好的条件，是目前陶瓷生产中广泛采用的坯料制备工艺。

根据坯料的雾化方式不同，喷雾干燥设备分为压力式雾化设备、离心式雾化设备、气流式雾化设备，如图 4–21 所示。

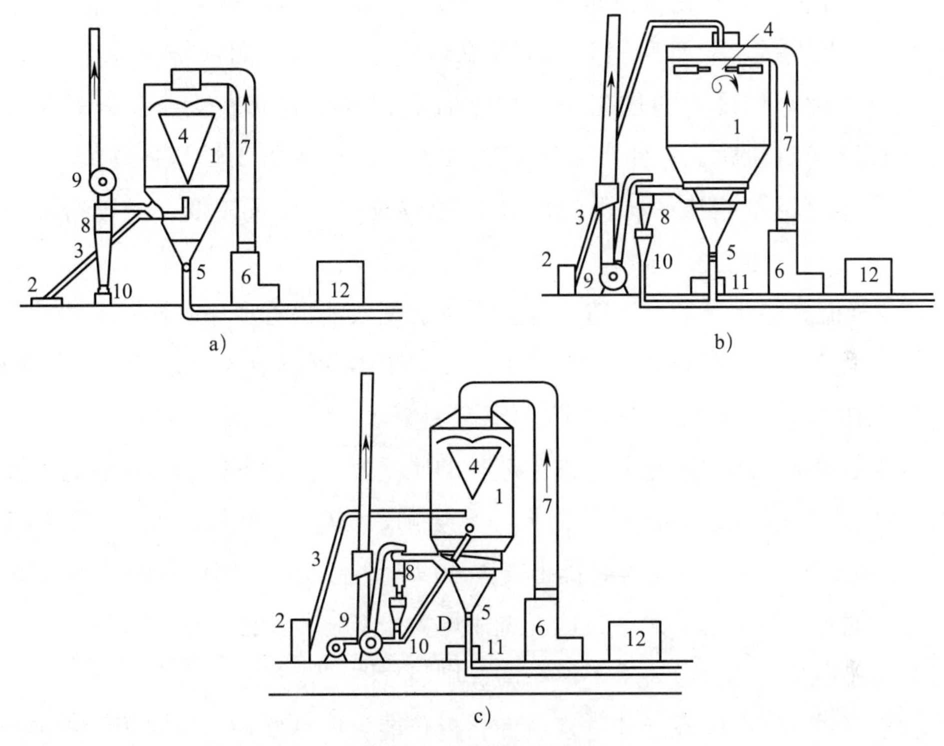

图 4–21 喷雾干燥设备

a）压力式雾化设备（逆流） b）离心式雾化设备（顺流） c）气流式雾化设备（逆流）

1—塔体 2—泥浆输送泵 3—泥浆输送管道 4—喷嘴或离心盘 5—卸料口 6—热风炉 7—热风管 8—旋风收尘器 9—风机 10—细粉收集器 11—振动筛 12—控制台

（1）压力式雾化设备。压力式雾化设备利用泥浆输送泵的压力将泥浆送到喷嘴中，使泥浆在喷嘴中迅速旋转并到达喷孔，泥浆在离开喷孔时形成雾状颗粒，这些雾状颗粒从喷孔中均匀喷出，以锥体状散开。压力式雾化设备的喷嘴适合低黏度、不含大颗粒的泥浆的雾化，所得到坯料粒径比离心式雾化设备得到的粗，但容重较大，流动性较好，具有良好的成型性能。压力式雾化设备结构简单紧凑、造价低、维修方便、占地面积小、能耗小等，但是需要较高的泥浆压力，故要配备高压泥浆输送泵。同时，由于喷嘴的喷孔直径较小容易堵塞，最好过筛后再送浆。另外，由于压力式雾化设备的喷速较高，其喷嘴较易磨损，因此要定时更换喷嘴，否则将引起进料波动，造成泥浆雾化不均匀，影响其粒度分布。

（2）离心式雾化设备。离心式雾化设备将需要雾化的泥浆送到一个高速旋转的离心盘上，由于离心力的作用，泥浆均匀地分布在离心盘周边的槽式喷孔处，进而被强制性地撕裂成微粒，并以极高的速度离开离心盘形成雾状颗粒。离心式雾化设备的特点是可以雾化黏度较高并带有大颗粒悬浮物的泥浆，喷孔不易堵塞，能均匀喷雾，且所得到的雾状颗粒较细，干燥后的坯料粒径在 100 μm 左右。但这种雾化设备的加工精度要求较高，前期费用较大，旋转轴所用材料要求有较高的韧性。另外，由于喷距较大，因此喷雾干燥塔的直径应较大。与压力式雾化设备相比，所得到的坯料颗粒较小、容重较低、粒度分布范围较宽。

（3）气流式雾化设备。气流式雾化设备的泥浆输送管道至喷出口是一个双层复式管，压缩空气由外层管道中向上喷出，将内层管道中的泥浆喷成雾状颗粒。这种设备制出的坯料颗粒更细，但流动性较差。

在确定雾化方式时应充分考虑干坯料的质量要求，设备的操作灵活性、维修和加工要求，以及成本等方面的要求。当压制尺寸较大、较厚的坯体和采用高速压制设备时，希望压制坯料容易排出气体和填满钢制模具，因而其颗粒要求粗些、粒度分布宽些、堆积密度大些，这时选用压力式雾化设备能满足这些要求。若对坯料颗粒大小及粒度分布要求不严格时，则可优先考虑离心式雾化设备，因为它的适应性较强，当泥浆性能和进浆量变化时仍能保证良好的出料效果，更换离心盘的工作量也不会大于维修喷嘴的工作量。

相关链接

喷雾干燥工序产生的废气温度在 45 ~ 90 ℃，一般选用旋风分离器作为分离设备，而不用袋式过滤器。废气中回收的细粉因颗粒太细，不便掺在坯料中使用，许多工厂采用重新制浆的方法予以处理。

4. 坯料储存与输送设备

坯料离开喷雾干燥塔后经振动筛过筛，合格的坯料经皮带输送机、斗式提升机运往坯料仓储存和陈腐，一般储存 1 ~ 2 天的生产量。坯料仓下端锥体斜面与水平面的交角不得小于 60°。不合格的坯料应送回球磨机重新制浆。

培训项目 4

釉料制备工艺与设备

釉是熔融在陶瓷制品表面上的一层很薄的均匀玻璃质层。无釉陶瓷制品通常存在表面粗糙无光、易吸湿、易沾污、易被侵蚀等缺点，即使烧结程度很高，也会因此而影响其美观性、卫生状况、机电性能等。当在坯体表面上施敷一层玻璃态釉层时，可使制品获得有光泽、坚硬、不吸水的表面，这层釉层不仅可以改善陶瓷制品的光学、力学、电学、化学等方面的性能，而且对提高实用性和艺术性也起着重要作用。因此，在坯体表面施釉是非常必要的。

一、釉的分类

由于分类依据不同，同一种釉可同时具有几个不同的名称。

1. 按照烧成温度分类

釉按照烧成温度可分为低温釉（烧成温度小于 1 150 ℃）、中温釉（烧成温度在 1 150 ~ 1 250 ℃）、高温釉（烧成温度大于 1 250 ℃）。

2. 按照烧成后的釉面特征分类

釉按照烧成后的釉面特征可分为透明釉、乳浊釉、结晶釉、无光釉、光泽釉、裂纹釉、颜色釉等。

3. 按照制备方法分类

（1）生料釉。生料釉是指直接将全部原料加水制成的釉浆。

（2）熔块釉。熔块釉是指将配方中的一部分原料预先熔融制成熔块，然后再与其余原料混合、研磨制成的釉浆。其目的在于消除水溶性原料及有毒性原料的影响。

（3）盐釉。盐釉不需要事先制备，而是在煅烧至临近烧成温度时，向燃烧室投入钠盐、锌盐等，使之熔融、汽化而在坯体表面形成一层薄薄的釉层。这种釉在化工陶瓷中应用较广。

4. 按照碱性成分分类

釉按照碱性成分进行分类时，通常以釉式中碱性成分总量是否占 50% 作为衡量标准。这种分类方法不仅直观，还能明确显示釉的化学组成特点。

（1）长石釉。长石釉熔剂的主要成分是长石或长石质矿物，釉式中 K_2O 和 Na_2O 的系数不小于 0.5。这种釉的特点是硬度较大，光泽度较强，略带乳白色，富有柔和感，熔融温度范围较宽，与高硅质坯体结合良好。

（2）石灰釉。石灰釉的主要熔剂是钙的化合物，其碱性组成中可以含有也可以不含有其他碱性氧化物，釉式中 CaO 的系数大于 0.5。这种釉的特点是弹性好，富有刚硬感，与高铝质坯体结合较好，透光度强，对釉下彩的显色非常有利，但熔融温度范围较窄，采用还原气氛烧成时易引起烟熏缺陷。

（3）镁质釉。为了克服石灰釉熔融温度范围较窄、烧成难以控制的缺点，在石灰釉中引入白云石和滑石，使釉式中 MgO 的系数不小于 0.5。这种釉的特点是熔融温度范围较宽，对坯体适应性强，热膨胀系数小，不易出现裂纹，对气氛不敏感，不易产生烟熏缺陷，有利于白度和透光度的提高，但釉浆易沉淀，与坯的结合性差，烧后釉面的光泽度不及石灰釉。

（4）其他釉。若釉式中某两种或某一种碱性成分的含量明显高于其余碱性成分，则该釉的命名就与两种碱性成分或一种碱性成分有关，如 CaO 和 MgO 占比较高时（一般釉式中系数不小于 0.7），即为石灰镁釉。此外，还有石灰锌釉、铅硼釉、锌釉、锶釉、铅釉等。

二、相关工艺要求

为了保证烧后釉面质量合格和釉浆具有一定的使用性能，釉料、釉浆和釉坯应达到以下工艺要求。

1. 釉料的质量应合格

应严格执行拣选、储存制度，以免杂质混入。应采取适当的措施提高釉料质量，如软质黏土的淘洗处理、人工拣选，化工原料的煅烧，矿物原料滑石的煅烧等，保证釉浆具有一定的使用性能。

2. 釉料的细度应适宜

釉料的细度直接关系到釉浆的使用性能和烧后釉面质量。一般来说，釉料越细，釉浆的悬浮性、稳定性越好，各组分之间的相互反应越充分，越有利于釉浆使用性能和烧后釉面质量的改善和提高。但釉料过细时，釉浆稠度增大，流动性降低，施釉时易形成釉绺，同时会增大釉层的干燥收缩率，易引起干釉层开裂而出现缩釉缺陷。通常日用瓷釉釉料的细度宜控制在万孔筛筛余0.02% ~ 0.05%。

3. 釉浆的酸碱度应适中

性能稳定的釉浆呈中性或偏酸性（pH 值为 6 ~ 7），但是如果熔块采用了生氧化锌或已风化的长石，或者配合不当、熔制不良，就会在釉料细磨过程中发生碱性组分的水解和水化反应，使釉浆向碱性转化。尤其是在研磨时间长、釉浆温度高和细度细的条件下，釉浆的碱性转化更为严重。实践证明，这种偏碱性（pH 值≥ 8）的釉浆常呈聚沉状态，其使用性能会变差。

4. 釉浆的浓度应适当

釉浆的浓度决定着釉层的厚度和施釉时间。浓度越大，单位时间内形成的釉层越厚，或形成规定厚度的施釉时间越短。在陶瓷生产中，釉浆的浓度应根据制品大小、坯体吸水性、施釉方法、季节等因素加以调整。大件制品的施釉时间较长，浓度要小些；小件制品上釉容易、省时，浓度要大些。如果坯体吸水性较强，则浓度要小些，反之要大些。人工施釉的速度有限，浓度可小些；而机械施釉速度较快，浓度可大些。夏季坯体干且温度较高，浓度要小些，冬季则要大些。

5. 釉坯的釉层质量应合格

施釉后的坯件称为釉坯。衡量釉坯釉层质量的重要指标是釉层对坯体的附着程度和釉层本身的强度。它们取决于釉料质点的相互结合能力及其与坯体的结合能力。适当增加黏土用量和提高分散度，不仅可使釉层整体的堆积密度增大，而且有利于加强釉料与坯体的结合能力；但黏土用量过多，又会导致干燥收缩率增大，使干釉层易于开裂。对于黏土用量较少的釉料，可以考虑加一些黏结剂，如糊精、羧甲基纤维素等，以改善釉坯的釉层质量。

三、釉料的制备工艺流程

1. 生料釉的制备工艺流程

生料釉的制备工艺流程与坯料的制备工艺流程基本一样，主要包括原料的拣选、粗碎以及配料、湿法球磨、过筛除铁、釉浆的陈腐等。生料釉的制备工艺流程有两种，如图 4–22 所示。

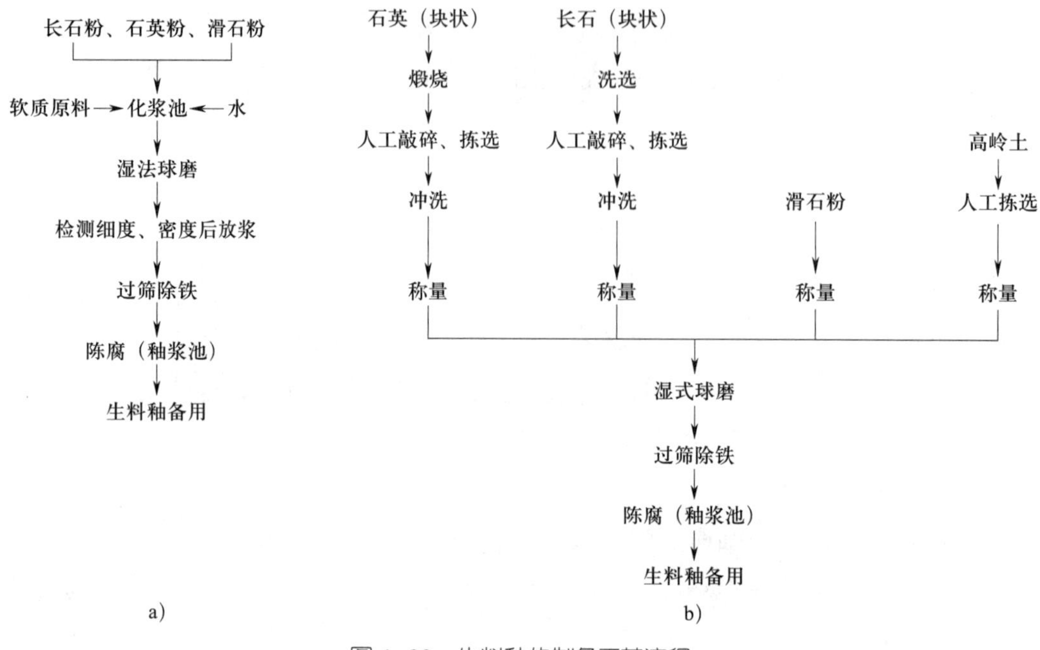

图 4–22　生料釉的制备工艺流程

a）流程一　b）流程二

流程一的特点是先将粉状硬质原料加入化浆池搅拌，主要目的是将粉状硬质原料预先润湿一下，使每个颗粒都被水膜包裹起来，这样和软质原料能更均匀地混合；再加入软质原料，并一起投入球磨机进行湿磨。

流程二是采用块状硬质原料，先将石英（块状）煅烧、长石（块状）洗选后进行人工敲碎、拣选和冲洗，同时对高岭土进行人工拣选，再进行称量、配料、湿法球磨、过筛除铁、陈腐等工序。人工拣选这一道工序是很重要的，如对高岭土进行人工拣选可除去杂质矿物，提高釉面质量。

由于全国各地原料种类较多，其组成和性状都存在较大差异，因此在生料釉的制备工艺流程上也不尽相同，可视具体情况妥善处理。

2. 熔块釉的制备工艺流程

熔块釉的制备分两步进行，第一步制熔块，第二步将熔块与其余生料混合、研磨制成釉浆。

（1）制熔块。先将各种矿物原料加工成粉料，并按照熔块配方称量配料，然后将其装入混料机混合，再把混合好的粉料置于坩埚炉或池炉中进行熔制，待其完全熔融、均化后，引导其流入冷水中急冷，通过冷水将其淬成小熔块（见图 4–23），后经拣选干燥，最终送入熔块库备用。总结其工艺流程为：原料加工

（粉碎矿物原料制成粉料）—称量配料—混合—熔制（在坩埚炉或池炉中）—冷水急冷—拣选干燥—熔块库备用。

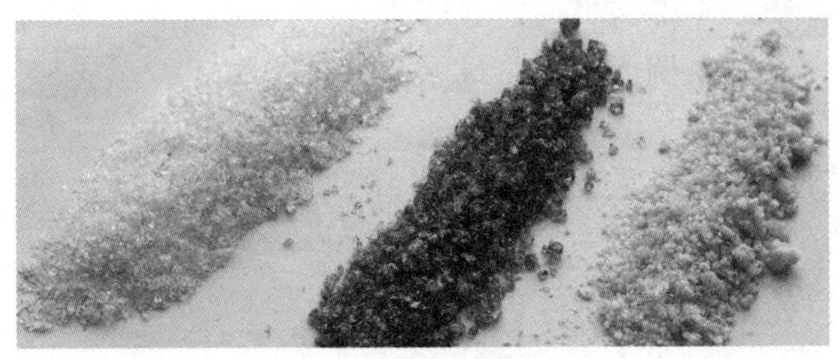

图 4–23　小熔块

将原料制成粉料是为了混合均匀，但粉料过细，在熔制时易被烟气带走而改变组成，因此应控制粉料细度，一般要求其能全部通过 100 目筛（孔径 0.15 mm）。称量配料时要求配比准确、混合均匀。熔制的温度制度对保证熔块质量也很重要，通常认为高温快速熔制既能保证熔块完全熔融，又能防止过多的易挥发物挥发掉。熔制时采用的坩埚炉或池炉各有特点，可根据产量来确定。熔块熔体经冷水淬成小块可以缩短釉料的研磨时间。

（2）制釉浆。将松脆的熔块击碎，与生料（高岭土等）按照熔块釉的配方准确称量后装入球磨机湿磨，当达到细度要求后出磨，过筛除铁，入釉浆池陈腐备用。总结其工艺流程为：原料加工（击碎熔块）—称量配料—湿法球磨—过筛除铁—釉浆陈腐备用。

熔块釉常易沉淀，在坯体上附着不良，因此，通常在进行湿法球磨时加入添加剂（如生物多糖等）以改善其性能。

四、釉料的制备设备

釉料的制备设备主要有球磨机、振动筛、磁选机、搅拌机等。

思　考　题

1. 简述注浆坯料的工艺要求。
2. 结合生产实际，举例说明注浆坯料的制备工艺流程。
3. 简述可塑坯料的工艺要求。

4. 结合生产实际，举例说明可塑坯料的制备工艺流程。
5. 筛分的目的是什么？常用的筛分设备有哪些？
6. 简述压制坯料的工艺要求。
7. 结合生产实际，举例说明压制坯料的制备工艺流程。
8. 简述釉的相关工艺要求。

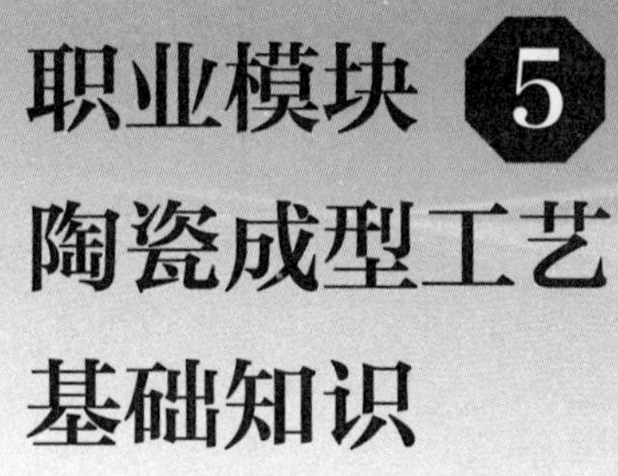

职业模块 5 陶瓷成型工艺基础知识

培训重点

了解注浆成型过程。

了解可塑成型过程。

了解压制成型过程。

了解坯体的干燥过程与干燥方法。

培训项目 1

注浆成型

一、成型工艺概述

成型是指将制备好的坯料，采用不同方法制成具有一定形状、尺寸和强度的坯件（半成品）。根据坯料的性能和含水率，可以将陶瓷成型工艺分为注浆成型（坯料含水率 30% ~ 35%）、可塑成型（坯料含水率 19% ~ 26%）、干压成型（坯料含水率 4% ~ 7%）、半干压成型（坯料含水率 7% ~ 14%）。

选择成型工艺时，在保证制品产量和质量的前提下，应选用设备简单、操作方便、生产周期最短和经济效益最好的成型工艺。通常从以下几个方面综合考虑。

一是制品的产量和质量要求。产量大的制品可以采用可塑成型工艺，产量小的制品可以采用注浆成型工艺，产量小而质量要求不高的制品可以采用可塑成型工艺中的手工成型工艺，质量要求高的制品可以采用压制成型工艺。

二是制品的形状、大小和厚薄。一般情况下，对于形状复杂或体型较大、尺寸精度要求不高、胎薄、壁厚的制品可以采用注浆成型工艺，对于具有简单回转体的制品可以采用可塑成型工艺（如旋压成型工艺或滚压成型工艺），对于具有规则几何形状的制品可以采用压制成型工艺。

三是坯料的性能。可塑性较好的坯料适用于可塑成型工艺，可塑性较差的坯料可以采用注浆成型工艺或压制成型工艺。

四是其他方面，如经济效益、设备条件、工人操作水平、劳动强度等。

二、注浆成型的原理和特点

注浆成型的基础原理是多孔石膏模型能够吸收水分。操作时将具有良好流动性的泥浆注入石膏模型内，当水分被石膏模型吸入后，便在靠近石膏模型壁处形成了具有一定厚度的均匀泥层，经回浆、巩固、脱模，最后形成了具有一定强度的坯体。

注浆成型工艺适应性强，凡是形状复杂、尺寸要求不严格的制品都可以采用该工艺，以空心注浆较为常见，如日用陶瓷中的花瓶、酒瓶、花盆、摆件等。但是，注浆成型后的坯体含水率较高，结构不均匀，干燥收缩率和烧成收缩率较大，容易产生开裂、变形等缺陷。

三、注浆成型分类

1. 按照控制主体分类

注浆成型按照控制主体主要分为人工注浆成型和全自动注浆成型。从生产过程来说，人工注浆成型（见图 5–1）生产周期长、手工操作多、劳动强度大、占地面积大、模型消耗多，生产企业需要重点考虑生产成本及对环境的影响。随着生产工艺的不断进步和注浆成型机械设备的不断发展，更适合现代化陶瓷生产的全自动注浆工艺出现了。目前，较为先进的全自动注浆成型流水线已应用于陶瓷酒瓶生产企业，如图 5–2 所示为自动注浆，如图 5–3 所示为自动出浆，整个注浆和出浆的工序都是全自动进行的，大大节约了人力，也进一步改善了车间环境。

图 5–1　人工注浆成型

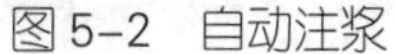
图 5-2　自动注浆

图 5-3　自动出浆

2. 按照坯体特点分类

（1）空心注浆成型。空心注浆成型的工艺流程是将泥浆注入石膏模型，待泥浆在其中停留一段时间达到坯件所需厚度后，倒出多余的泥浆，经修坯形成坯件（空心），如图 5-4 所示。石膏模型工作面的形状决定坯件的外形，泥浆在石膏模型中的停留时间决定坯件厚度。空心注浆成型一般适用于浇注壶、罐、瓶等空心器皿及艺术陶瓷制品。

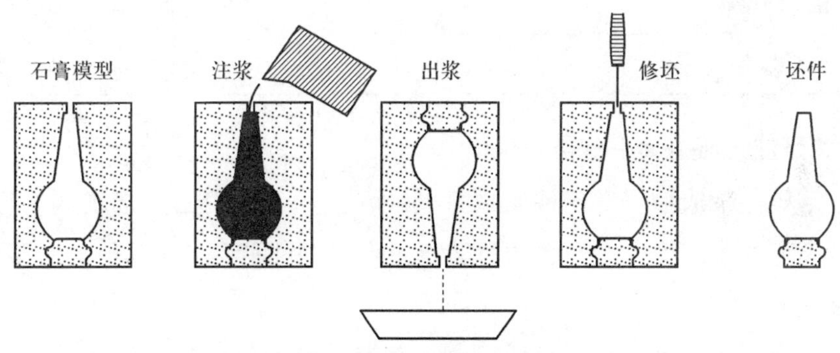

图 5-4　空心注浆成型的工艺流程及坯件

（2）实心注浆成型。实心注浆成型的工艺流程是将泥浆注入模型（如拼模）中，直到空穴中的泥浆全部变为坯件为止，如图 5-5 所示。由于泥浆中的水分不断被吸收而形成坯泥，导致泥浆面不断下降，因此进行实心注浆成型时，需要陆

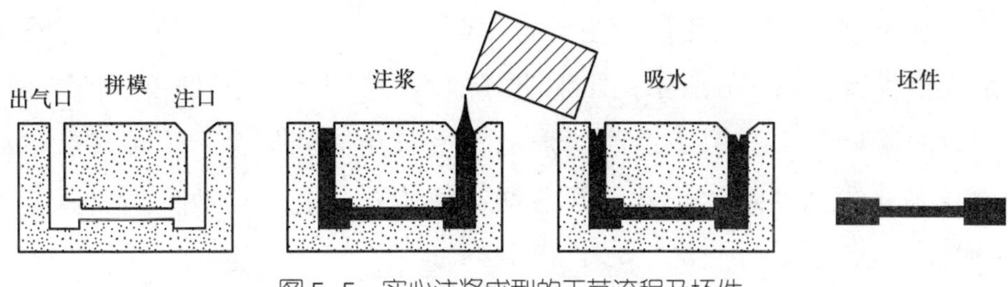

图 5-5　实心注浆成型的工艺流程及坯件

续补充泥浆，此后并没有多余的泥浆被倒出。实心注浆成型通常浇注的是陶瓷器皿的小型配件制品，如杯把、壶把等，也可以在此基础上施加压力，制成异形的盘、碟之类的陶瓷制品。

空心注浆成型与实心注浆成型的特点对比见表5–1。

表5–1 空心注浆成型与实心注浆成型的特点对比

特点	空心注浆成型	实心注浆成型
坯件	空心陶瓷制品	杯把等小型配件制品
工艺流程	需要出浆	不需要出浆
泥浆密度	1.65 ~ 1.8 g/cm^3	略大于空心注浆成型所用泥浆
泥浆含水率	31% ~ 34%	略低于空心注浆成型所用泥浆
泥浆稳定性	好	略差于空心注浆成型所用泥浆
泥浆细度	细（万孔筛筛余为0.5% ~ 1%）	略粗于空心注浆成型所用泥浆
泥浆流动性	好	略差于空心注浆成型所用泥浆
泥浆触变性	良好	略好于空心注浆成型所用泥浆

3. 按照注浆压力大小分类

（1）常压注浆成型。常压注浆成型是陶瓷企业最常用的注浆成型工艺，主要利用石膏模型的毛细管力作为驱动力实现注浆，不对泥浆施加其他任何压力作用，主要在常压下完成。

（2）真空注浆成型。真空注浆成型是在石膏模型外将其内部抽成真空，或将紧固的石膏模型放在负压真空室中，产生内外压力差，提高注浆成型的推动力。由于真空注浆成型对环境要求较高，因此目前使用较少。

（3）压力注浆成型。压力注浆成型通过加大泥浆压力来加速水分扩散，从而加快吸浆速度。最简单的加压方法是提高盛浆桶的位置，加大泥浆势能，从而加大泥浆压力。也可以用压缩空气将泥浆压入石膏模型，压缩空气加压的压力注浆成型设备如图5–6所示，压缩空气加压的压力注浆成型模型如图5–7所示。压力注浆成型主要用于浇注异形的实心日用陶瓷制品。压力注浆的石膏模型中有陶瓷制品的坯体形状，两端均有注浆孔，上下摆放的石膏模型均可贯通。

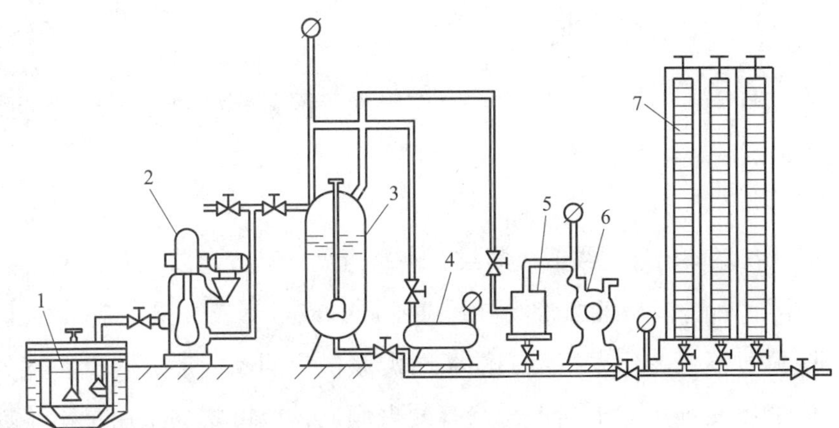

图 5–6 压缩空气加压的压力注浆成型设备

1—搅拌池 2—泥浆泵 3—容器 4—空气压缩机 5—缓冲容器 6—真空泵 7—注浆台

图 5–7 压缩空气加压的压力注浆成型模型

四、注浆成型过程

以空心注浆成型为例，整个过程一般分为以下三个阶段。

1. 吸浆成坯

泥浆注入石膏模型后，在毛细管力的作用下吸收泥浆中的水，靠近模壁的泥浆中的水分首先被吸收，颗粒彼此开始靠近，形成最初的薄泥层。

2. 泥层变厚

水分进一步被吸收，薄泥层逐渐变厚，泥层内部的水分向外部扩散，当泥层厚度达到坯件厚度要求时，就形成雏坯。

3. 巩固脱模

待多余泥浆倒出去后，石膏模型继续吸收水分，雏坯开始收缩，表面的水分开始蒸发，待雏坯干燥形成具有一定强度的生坯后，脱模即可。

五、注浆成型缺陷分析

由于泥浆性能、石膏模型性质、操作步骤等因素都会对注浆成型产生影响，因此注浆成型后的坯体可能会产生一些缺陷。

1. 开裂

缺陷特征：坯体出现裂纹或微裂纹，肉眼可见，其方向以纵向为主。

产生原因：石膏模型各部位干湿程度不同，或过干或过湿；制品各部位厚度不均匀，厚薄过渡处变化太突然；注浆时泥浆供应间断，形成含有空气的夹层；坯料配方中的解凝剂用量不当，泥浆有凝聚倾向，或可塑黏土用量不足或过多；泥浆未经陈腐，搅拌不均匀，流动性差；干燥温度过高，坯件脱模过早或过晚。

解决办法：提高石膏模型质量；合理设计制品形状；对于复杂坯体，注浆时不能过快也不能过慢；检查坯料配方的合理性；按正确的操作流程和操作要求备料；干燥温度应适宜，并确定合理的脱模时间及时进行脱模。

2. 变形

缺陷特征：坯件的形状与尺寸出现明显偏差，甚至不合比例。

产生原因：石膏模型吸收水分不均匀，脱模过早；泥浆水分太多，使用电解质不恰当；泥浆的渗透性不好，坯体因水分无法被完全吸收而强度不够，造成变形；制品形状设计得不好，悬臂部分易变形。

解决办法：注意脱模时间，不可强行脱模；控制泥浆的含水率，一般以30%～35%为宜；提高泥浆和石膏模型的质量，特别是泥浆的渗透性要好；合理设计制品形状。

3. 泥缕

缺陷特征：坯体表面或者内部有凸起的泥浆点或者长条。

产生原因：泥浆黏度过高，密度过大，流动性不好；泥浆搅拌不均匀；注浆操作不当，浇注时间过长，放浆过快且缺乏一定的斜度，出浆不净；室内温度过高，泥浆在石膏模型内起了一层皱皮，出浆时没有将其去掉。

解决办法：降低泥浆的黏度和密度，提高泥浆的流动性；长期放置的泥浆需要搅拌均匀并且进行过筛处理；严格执行操作规程；室内温度应适宜，若泥浆在石膏模型内起了一层皱皮，出浆时应将其去掉。

4. 坯体生成不良或者生成缓慢

缺陷特征：坯体成型时间明显延迟。

产生原因：成型车间环境温度太低，主要是在冬季时；石膏模型含水率过高，气孔率太低，吸水率太低；泥浆水分过多，电解质不足或过量，还有促使其凝聚的杂质（如石膏、硫酸钠等）；泥浆温度太低。

解决办法：注意环境温度、石膏模型质量、泥浆质量等因素对坯体成型的影响；注浆时应控制泥浆温度不低于 10 ℃。

5. 气泡与针孔

缺陷特征：坯体表面有小孔或类似气泡破裂留下的小孔痕迹。

产生原因：石膏模型过干、过湿、过热或过旧；石膏模型设计得不妥，不利于气体排除；泥浆本身未处理好，有气体未逸出；泥浆存放过久或泥浆温度过高；泥浆注入速度过快，没有足够的时间排除空气；石膏模型内的浮尘未清除。

解决办法：保证石膏模型湿度和温度适宜，注意石膏模型的使用寿命；合理设计石膏模型；对泥浆进行真空处理，排除气体；按需搅拌泥浆，同时保证泥浆温度有利于浇注；合理控制泥浆的注入速度；注意周围环境有无粉尘等不良因素的影响，避免泥浆、石膏模型等受其污染，若已被污染应及时清除粉尘等。

6. 脱模困难

缺陷特征：坯体与石膏模型结合得较为牢固，无法顺利脱模。

产生原因：在使用新石膏模型时，未能很好地清除附着在其表面的油膜；泥浆中水分过多或石膏模型过湿；泥浆中的黏土用量过多；泥浆颗粒过细。

解决办法：提高石膏模型质量，关注石膏模型的使用寿命，对新模型要提前进行工作面的擦拭处理；合理控制泥浆的含水率，同时确保石膏模型湿度适宜；提高泥浆质量，特别是要降低高可塑性原料的比例，提高瘠性原料的比例，提高渗透性，并避免泥浆颗粒过细。

培训项目 2 可塑成型

可塑性是优质陶瓷坯料的重要性质，利用这种性质可以将坯料塑造成各种造型的陶瓷坯体。可塑成型的实质就是对可塑性陶瓷坯料或泥团施加外力，迫使其发生变形而制成坯件的成型工艺。可塑成型分为旋压成型和滚压成型，一般用于盘、碗、杯、碟等陶瓷制品的生产。

一、旋压成型

1. 旋压成型的过程与特点

旋压成型是利用石膏模型与型刀相互配合，使可塑坯料成型的方法。旋压成型设备如图 5–8 所示。操作时先将经过真空练泥的坯料放在石膏模型中，并使石膏模型转动，然后慢慢地放下型刀（又称旋坯刀），在型刀的压力作用下，坯料均匀地分布在石膏模型内表面，再用工具清除多余坯料。当转动的模壁和型刀所构成的空隙被坯料所填满时，型刀刀口与石膏模型工作面共同使坯件的内外表面成型，型刀刀口与石膏模型工作面的距离即为坯件胎厚。当由石膏模型的形状决定坯体的外表面，由型刀刀口的形状决定坯体的内表面时，即为阴模旋压成型，如图 5–9a 所示；当由石膏模型的形状决定坯体的内表面，由型刀刀口的形状决定坯体的外表面时，即为阳模旋压成型，如图 5–9b 所示。

旋压成型设备结构简单、适应性强，可以旋制大型的深孔制品，但坯体成型后质量一般。旋压成型劳动强度大，生产效率低，成型时所消耗的坯料和石膏模型数量多，而且要求工人有一定的操作技术。因此，这种陶瓷成型工艺已不多见，只在小型陶瓷企业中能看到。

图 5–8　旋压成型设备

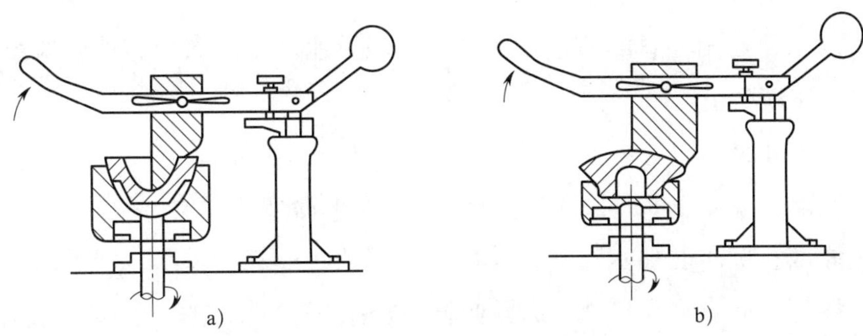

图 5-9　阴模旋压成型与阳模旋压成型

a）阴模旋压成型　b）阳模旋压成型

旋压成型所用坯料含水率较高，且在成型过程中需要加水（俗称“赶光”），使坯体表面光滑。此外，型刀对坯体的正压力也较小，使坯体致密性较差，在干燥过程中易出现变形、开裂等缺陷。目前，小批量制品、中低档陶瓷仍会采用旋压成型工艺。为了提高成型质量和生产效率并降低劳动强度，对于体型较小的日用陶瓷制品，大多由滚压成型代替旋压成型。

2. 旋压成型的工艺要求

（1）对坯料的要求。旋压成型对坯料的一般要求是水分均匀分布、结构一致、可塑性好。坯料的含水率稍高，通常为 21% ~ 26%。

（2）对型刀的要求。型刀是旋压成型设备的主要部件，其刀口形状影响制品形状，也影响成型工艺。型刀工作端的刀口应稍钝，并具有一定角度。

（3）对石膏模型的要求。石膏模型应外形圆整、厚薄均匀、干湿一致，其工作表面应光滑、无孔洞且无外来杂质，含水率在 4% ~ 14%，并根据模型质量和使用情况进行定期更换。

（4）对主轴转速的要求。主轴转速影响制品的形状、直径及坯料的性能。一般来说，在制作直径小的制品及进行阴模旋压成型时，主轴转速可稍高；反之，主轴转速应相应降低。主轴转速高有利于坯体形成光滑的表面，但是主轴转速过高会引起“跳刀”“飞坯”等问题。

3. 旋压成型的缺陷分析

（1）夹层开裂

缺陷特征：坯体内有空隙，坯料有分层现象。

产生原因：成型过程中，坯料在装模前未处理好，本身已存在夹层；型刀上下速度过快；成型时，初次装料量不够，当成型达到一定程度再添坯料时，则前后坯料不能紧密结合而形成夹层。

解决办法：控制坯料的质量；成型时，型刀速度不能太快；严格执行操作规程，注意初次装料量。

（2）外表开裂

缺陷特征：多存在于形状比较复杂、厚度急剧改变的部位。

产生原因：旋压时加水过多，使坯体局部的凹下部位积水，干后即开裂；旋制大型坯件时，由于型刀上积泥太厚或型刀振动，而易在坯体的局部造成开裂。

解决办法：控制坯料的含水率，在加水“赶光”时也要注意用水量；注意型刀上的积泥厚度，并避免型刀振动。

（3）变形

缺陷特征：坯体发生变形。

产生原因：下刀过猛，割边不平，旋压成型设备主轴、刀架松动，石膏模型与模座吻合不好。

解决办法：注意下刀力度和割边质量，查看旋压成型设备主轴、刀架是否松动，确保石膏模型与模座吻合良好。

（4）花坯

缺陷特征：坯体表面有条痕。

产生原因：主轴转速太快；坯料的可塑性太差或含水率过低；石膏模型太干或表面不够光滑，导致坯体靠石膏模型的一面出现许多条痕。

解决办法：降低主轴转速，改善坯料的可塑性，提高坯料的含水率，注意石膏模型的湿度和表面光滑程度。

（5）鱼尾

缺陷特征：排泥时出现鱼尾状薄泥层。

产生原因：型刀和排泥板位置不当，型刀刀口磨损，旋压成型设备主轴、刀架松动，起刀不稳，石膏模型与模座吻合不良。

解决办法：检查型刀和排泥板是否处于最佳位置，型刀刀口是否磨损，旋压成型设备主轴、刀架是否松动，起刀是否不稳，石膏模型与模座是否完全吻合，若有不正常状况应及时调整或更换部件。

（6）缺脚

缺陷特征：坯体的脚残缺。

产生原因：制品形状设计得不合理；坯料的可塑性太差或含水率过低；型刀

和排泥板的压力过小，导致坯料不能被压实。

解决办法：合理设计制品形状；控制坯料的可塑性和含水率；检查型刀与排泥板的装配，使坯料能分布于石膏模型的各个部位。

二、滚压成型

1. 滚压成型的过程与特点

滚压成型是在旋压成型的基础上发展起来的。滚压成型与旋压成型的不同之处是将旋压成型中用到的型刀改为回转型的滚头。滚压成型时，盛放坯料的石膏模型和滚头分别绕各自的轴线以一定速度同方向旋转，滚头一边旋转一边逐渐靠近盛放坯料的石膏模型，并对坯料进行“滚”和“压”的动作而使其成型。

滚压成型时，当由石膏模型的形状决定坯体的外表面，由滚头的形状决定坯体的内表面时，即为阴模滚压成型，如图 5–10 所示；当由石膏模型的形状决定坯体的内表面，由滚头的形状决定坯体的外表面时，即为阳模滚压成型，如图 5–11 所示。

图 5–10 阴模滚压成型

图 5–11 阳模滚压成型

滚压成型的特点具体如下。

（1）由于滚头与坯料的接触面积较大，在一定的转速条件下，坯料受滚头既“滚”又“压”的作用时间较长，坯料被均匀地延展开来，使其内部颗粒维持原有的非定向排列，因此坯体致密度较高，强度较大，且结构均匀，不易变形。

（2）滚压成型要求坯料的含水率较低，一般在 19% ~ 24%，这样有利于减少变形缺陷和缩短干燥时间。

（3）滚头由特殊材料制成，不易磨损，使用寿命长。

（4）滚压成型效率高，易与前后生产工序组成联动生产线，便于实现机械化和自动化，从而降低劳动强度，节约劳动力。

2. 滚压成型的工艺要求

（1）对坯料的要求。滚压成型时，成型压力较大，成型速度较快，要求坯料可塑性较好、屈服值较高、延伸变形量较大、含水率较低。

滚压成型对坯料的要求又随成型方式和制品尺寸的不同而变化。一般来说，阳模滚压成型相对于阴模滚压成型，冷滚压成型相对于热滚压成型，前者可塑性应高些而含水率低些。对于大件制品，含水率可低些；对于小件制品，含水率可高些。另外，坯料含水率还与转速有关，转速低时，含水率可高些；转速高时，含水率不宜太高，否则易粘滚头，甚至飞泥。通常滚压成型所用坯料的含水率在19% ~ 23%。

（2）对滚头的要求。滚头是滚压成型设备的主要部件，为了满足成型需要和保证坯体质量，可以从滚头的设计、材料等方面进行考虑。

1）滚头的设计。滚头的设计首先应符合制品所要求的形状、尺寸，而且制造、维修、安装方便。在设计滚头时，倾角是重要的工艺参数。滚头倾角是指滚头中心线与石膏模型中心线（主轴轴线）之间的夹角，即图 5-12 中的 α 角。滚头倾角的大小对成型操作和坯体质量都有影响。滚头倾角小，则滚头的直径和体积就大，成型时坯料的受压面积就大，坯体较致密、强度高且不易变形。但滚头倾角过小会使排泥间隙减小，排泥出现困难，甚至连空气也不易排除，造成鼓气缺陷。另外，滚头倾角过小时成型压力过大，也易造成石膏模型的损坏。滚头倾角大，则滚头直径和体积就小，给予坯料的压力就小，虽然排泥容易，但坯体的致密性较差，并且容易产生坯料粘滚头、坯体底部不平等问题。一般根据制品的大小和形状、坯料的性能、滚头与主轴的转速等选用倾角不同的滚头。当制品直径大时，滚头倾角可大些；当制品直径小时，滚头倾角可小些。目前，滚头倾角的变化范围一般在 14° ~ 25°。

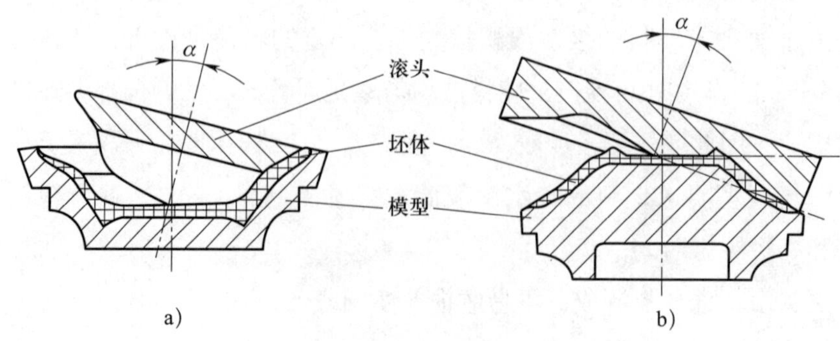

图 5-12　滚压成型

a）阴模　b）阳模

2）滚头的材料。滚头所用材料应具有一定的憎水性、耐磨性、机械强度和表面粗糙度，同时要便于加工修理。

（3）对石膏模型的要求。在滚压成型过程中，坯料所受压力较大，易导致石膏模型破损。为了延长石膏模型的使用寿命，可以采用增强措施提高石膏模型的强度，如在设计和制造模型时增加底部和边部的厚度，或将石膏模型的重心降低。另外，石膏模型与模座的配合要紧密，石膏模型应平稳地固定在模座上。

3. 滚压成型的缺陷分析

（1）坯料粘滚头

缺陷特征：在滚压成型过程中，坯料粘在滚头上，或在滚头边缘的沟槽处粘有零星坯料。

产生原因：坯料可塑性过强或含水率过高，滚头过于光滑、倾角过大、转速过高或下压速度过低。

解决办法：降低坯料的可塑性和含水率；用细砂布将滚头表面擦粗糙些，减小滚头的倾角，适当降低滚头的转速，调整凸轮曲线从而提高滚头的下压速度。如果是热滚压成型，可以适当调整滚头内电阻丝的排列方式，使其以“中间密、两边稀”的方式排列。

（2）坯体开裂

缺陷特征：坯体有大小不等的裂纹。

产生原因：坯料可塑性太差，含水率太低且不均匀；热滚压的滚头温度太高，使坯体表面水分蒸发过快，而引起坯体内应力的增大；滚头的平移距离过大或过小。

解决办法：改善坯料的可塑性或适当提高坯料的含水率；将热滚压的滚头温度适当降低；适当调整滚头的平移距离，使坯体中心致密。

（3）鱼尾

缺陷特征：坯体表面呈现鱼尾状的微凸起痕迹。

产生原因：凸轮曲线设计得不合理，滚头抬离坯体太快；滚头支架摆动；主轴或滚头的转速不适宜；石膏模型与模座不吻合，或轴承松动。

解决办法：适当调整凸轮曲线，使滚头抬离坯体时动作又轻又快；将滚头支架固定好；调整主轴或滚头的转速；检查石膏模型与模座的衔接口和轴承状态。

（4）底部上凸

缺陷特征：与滚头接触的坯体底部中心出现小范围的凸起。

产生原因：滚头造型设计不当，倾角不合适；滚头顶部磨损；滚头尖锥顶点超过坯体中心过多或未对准坯体中心；坯料含水率过低。

解决办法：将滚头尖锥进行适当的修整，如过圆则锉尖一些；及时更换磨损的滚头；适当调整滚头尖锥顶点与坯体中心的距离，或适当降低滚头转速；适当提高坯料的含水率。

（5）花底

缺陷特征：坯体中心呈菊花形开裂。

产生原因：石膏模型过干、过热；坯料含水率过低，投泥过早；滚头转速太高，滚头下压时接触坯料过猛，滚头中心部位温度太高；新石膏模型有油污。

解决办法：严格控制石膏模型的含水率和温度；适当提高坯料的含水率，投泥时机要把握好；适当调整滚头的转速以及下压时的速度与力度，降低滚头中心部位的温度；新石膏模型在使用之前应进行清理。

三、塑压成型

1. 塑压成型的过程与特点

塑压成型是将含水率为 20% 左右的可塑坯料置于特殊的模型内，而后加压使其成型的一种方法。塑压成型特别适用于陶板、挂盘、日用瓷、电瓷的成型，也可用于可塑性材料的冲裁、翻边等，目前已成功用于压制鱼盘等异形制品，如图 5–13 所示。成型后的陶板、鱼盘等可以进行艺术化加工，如雕刻、彩绘等。塑压成型设备如图 5–14 所示。

图 5–13　异形制品的塑压成型

图 5–14　塑压成型设备

塑压成型的坯体不需要带模干燥，比通过可塑成型制作异形制品的生产效率高，制得的坯体质量好，是一种有发展前途的新工艺。

2. 塑压成型对模型的要求

塑压成型的关键工具是特殊的石膏模型或其他材料的多孔模型。值得注意的是，如果用石膏模型进行塑压成型，除了需要在模壁内用钢筋网补强，使之能承受一定的压力，还需要在模壁内适当设置直径较小的多孔软管。这些多孔软管在塑压成型时可迅速、均匀排水，在脱模时又可吹入空气帮助脱模（成型好的坯体先吸附在上模上而离开下模，向上模内吹气可使坯体脱离）。当采用金属模型时，为了防止粘泥，可添加润滑剂或采取加热的方法。

另外，塑压成型所用的模型与旋压成型、滚压成型所用的模型有较大区别。常用的塑压模型的上模、下模由一个石膏模型和一个金属模框组成，金属模框箍住石膏模型，除起加固作用外，还能保证上模、下模定位精确，并对石膏模型起保护作用。

3. 塑压成型的缺陷分析

（1）坯体难脱模。由于塑压成型是利用压缩空气穿过石膏模型毛细孔，将坯体顶离而达到脱模目的的，因此吹气是脱模好坏的关键。同时，坯料的含水率对脱模难易程度影响也很大。坯体难脱模的解决方法具体如下。

1）改善模具质量。为了达到吹气脱模的目的，应在塑压成型的石膏模型中设置分布均匀、数量合理的通气管。如果通气管分布不均匀，则吹气不均匀，坯体各部位脱模就会不均匀，必然造成脱模难，甚至产生坯体变形、开裂等缺陷。

2）采用合理的吹气压力。吹气压力偏低，压缩空气不能顶离坯体，达不到脱模的目的。但如果吹气压力偏高，压缩空气冲力过大，就会导致坯体变形。因此，需要采用合理的吹气压力，以保证坯体顺利脱模。

3）保持通气管及石膏模型毛细孔畅通。为了防止通气管被堵塞，在生产过程中，每压坯 100 次左右，就需要通气一次并冲洗石膏模型，保持通气管及石膏模型毛细孔畅通，以确保良好的吹气效果。

4）控制合理的坯料含水率。当坯料含水率过高时，坯体容易粘模型而造成脱模难。

（2）石膏模型易破损。由于塑压成型时需要使用较高的成型压力，因此必然会导致石膏模型容易破损。在塑压成型的试验阶段，石膏模型只能使用 10 次左右。为了延长石膏模型的使用寿命，可采取以下几种方法。

1）在石膏模型内设置钢筋网。钢筋网在石膏模型内起骨架作用，从而大大提高了石膏模型的强度。

2）控制石膏模型的膨胀系数。一般石膏模型使用若干次后，会吸湿膨胀，如果膨胀后的厚度超过金属模框，石膏模型就不能受到金属模框的保护，因而极易破损。石膏模型的膨胀系数与调制过程中石膏与水的配比有关。水量偏低，则膨胀系数会增大；水量偏高，则会影响石膏模型的强度。因此，制作石膏模型时必须控制合理的水量。试验表明，石膏与水的比例为 1.5∶1 时效果最佳。

3）在石膏模型中设置合理的排泥沟。如果排泥沟设置不合理，塑压成型产生的余泥不能排出，将会造成上模、下模局部承受的压力过大，从而造成石膏模型的破损。

4）控制合理的成型压力。成型压力是塑压成型的一个重要参数，必须根据制品形状、尺寸进行合理的控制，压力偏高将会造成石膏模型易破损。

5）控制合理的坯料含水率及加泥量。坯料含水率偏低，加泥量偏高，都会造成石膏模型易破损。

四、手工成型

1. 印坯成型

凡异形制品和精度要求不高的制品，均可用可塑坯料在石膏模型中印制成型，这种工艺称为印坯成型。印坯成型分为单面印坯和双面印坯。两面均有固定形状或凹凸花纹的制品可以采用阴阳石膏模型进行双面印坯；而中空制品则可以先进行单面印坯，再黏合成坯体。石膏模型与印坯如图 5–15 所示，印坯合模、脱模后的半成品如图 5–16 所示。

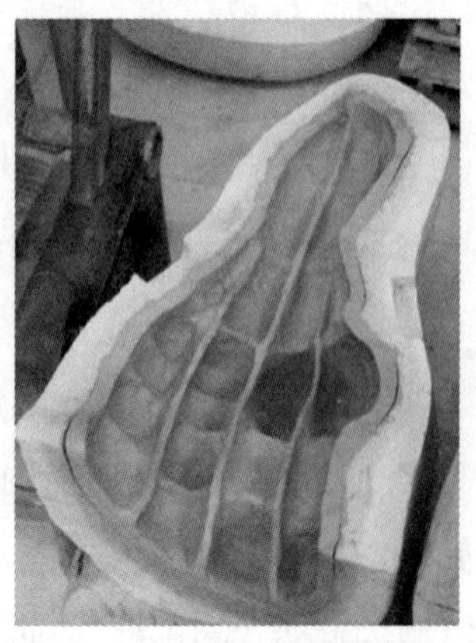

图 5–15　石膏模型与印坯

图 5–16　印坯合模、脱模后的半成品

印坯成型最大的优点是不需要机械设备，适合小批量的个性化生产，但生产效率低，而且常由于操作时施压不均、干燥收缩不均而引起坯体开裂、变形。

2. 拉坯成型

采用拉坯成型工艺可以制作具有圆形、弧形等浑圆造型的制品，如盘子、碗、罐子等。拉坯成型制品的特点是挺拔、规整，表面往往会留下一道道旋转的纹路。拉坯操作如图 5–17 所示，主要靠手掌力和手指力对可塑坯料进行拉、捧、压、扩等，使坯料在各种力的作用下发生伸长、缩短、延展而变成所需的形状，还可利用竹片、样板、木棒等进行刮、削、插孔，使坯体形成弧线。若进行拉坯成型，坯料的屈服值不宜太高，延伸变形量也要求大些，含水率一般要比其他塑性成型方法所用的坯料高些。

拉好的坯体经过干燥后需要进行修坯，如图 5–18 所示。可以对拉坯成型的制品进行切割，再重组成一件新制品；或对拉坯成型的制品进行扭曲、镂空、挤压之后再拼合，创作出新的富有特色的制品。

图 5–17 拉坯操作

图 5–18 修坯

培训项目 3

压制成型

一、压制成型的概念与粉料要求

压制成型通过外力将粉料或其聚集体制作成具有一定尺寸、形状和强度的坯体，如图 5-19 所示。压制成型一般使用钢制模具，如图 5-20 所示。在压制过程中，松散的粉料在压力作用下发生颗粒重新排布、弹性形变、破碎等变化，因此，粉料的性质对压制成型至关重要。

图 5-19　压制成型

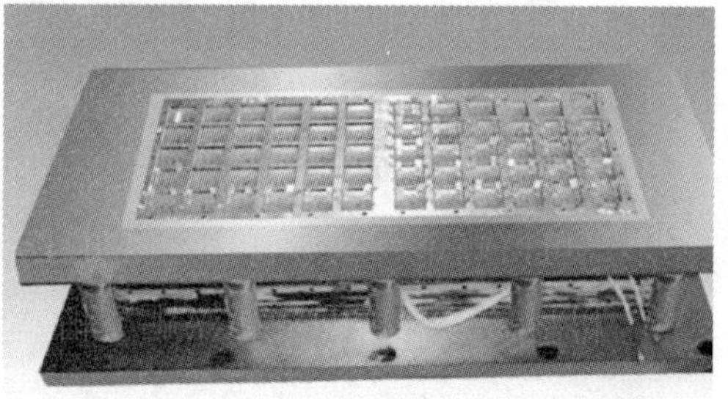

图 5-20　钢制模具

对于压制成型粉料的要求可以归纳为以下几点。

1. 粉料流动性要好，良好的流动性可以减小压制时颗粒间的摩擦力，使粉料能顺利地填满模型的各个角落。

2. 粉料要有合理的颗粒级配。根据最紧密堆积原理，颗粒级配较好且细粉尽可能少，可以减少空气含量，并降低压缩比，提高流动性。

3. 粉料在压力下要易于粉碎，这样可以形成致密坯体。

4. 粉料的水分要均匀分布，否则坯体成型与干燥较困难。

5. 粉料中可添加适量的塑化剂或表面活性剂，它们对压制成型很有好处。

二、压制成型过程

在压制成型过程中，松散的粉料不含较多的水分，必须对其施以较大的压力，借助压力的作用使粉料的颗粒重新排布，并发生塑性形变和脆性形变，使空气排出，其自身体积缩小，颗粒紧密结合而形成具有一定尺寸、形状和强度的坯体。

当粉料被加入钢制模具中后，施加压力将引起其体积缩小而致密化。在低压条件下，颗粒重新排列而填充气孔产生紧密堆积，在此阶段，能量主要消耗在克服颗粒间的摩擦力和颗粒与钢制模具间的摩擦力上。在较高压力条件下，粉料颗粒破碎，并通过碎粒的填充而致密化，在此阶段，起决定作用的是粉料颗粒的性质。在高压条件下，通过塑性形变填充空间，在此阶段，颗粒间的点接触变成面接触，这种情况在干压脆性陶瓷材料时，只有在特别高的压力下可能出现，或在高温压制时也会出现。

压制成型工艺的主要工序有以下几种。

1. 喂料

喂料是指将粉料装填入模框，为了保证坯体的规格与质量符合要求，喂料应均匀、定量。喂料有定容式的也有定量式的，有手工操作的也有用专门喂料装置实现自动喂料的。最简单的定容式喂料装置以模框作为容器，把粉料加满后刮平。喂料还可以通过电子秤的称量来实现定量。

2. 加压成型

加压成型是指利用模具间的相对运动给疏松的粉料施加压力，使粉料压紧形成致密坯体。这是压制成型工艺中的关键工序，需要控制压力的大小、压制的时间、压制的方式等因素，任何因素的改变都有可能导致坯体的质量发生变化。

3. 脱模

脱模是指将成型坯体从模具型腔内脱出。可以采用模具型腔固定、下模上升的方法顶出成型坯体，也可以采用下模固定、模具型腔下行的方法脱模。

4. 出坯

出坯是指将顶出的成型坯体移至台面或输送带上，有手工操作的，也有用专门的推出装置或真空吸坯机械手完成的。

5. 清理模具

清理模具是指必要时在型腔内壁上喷油润滑。

三、压制成型缺陷分析（以砖坯为例）

1. 规格或尺寸不符合要求

（1）偏薄或偏厚

缺陷特征：砖坯厚度超过要求。

产生原因：填料过薄或过厚。

解决办法：调整填料厚度，固定厚薄盘位置，以防因其走动而不得不时刻调整。

（2）斜度大

缺陷特征：砖坯一边厚、另一边薄，或四角厚薄不一致。

产生原因：加料操作不当或粉料流动性不好，导致填料不均匀，料层一边厚、另一边薄，或一边疏松、另一边紧密，四角料层密度不一致；钢制模具安装不平，型腔一边深、另一边浅；机台加压螺杆或滑架晃动，粉料受压情况不一致，导致一边先施压、另一边后施压，或一边压力大、另一边压力小。

解决办法：严格执行加料操作规程，换用流动性合格的粉料；调整钢制模具；检修机台。

（3）上凸或下凹

缺陷特征：砖面中心凸起或下凹。

产生原因：钢制模具不平；上模板过薄，安装时变形；安装钢制模具时，垫纸过多造成钢制模具变形；脱模时上模离开太快；压制次数或压制时间不足，砖坯结构不均匀，正反两面密度相差较大、膨胀程度不一致。

解决办法：加强对钢制模具的检查，不合格的钢制模具不能安装；选用的钢制模具上模板不能过薄（一般不小于 20 mm）；安装钢制模具时一定要装平，调整钢制模具所用的垫纸不能过多；严格执行加压和脱模操作规程；适当增加加压次数和加压时间。

（4）扭斜

缺陷特征：砖坯整体不规则、扭歪。

产生原因：垫板不平整，钢制模具本身变形。

解决办法：垫板一定要平整或翘度符合要求，若钢制模具变形应及时更换。

2. 裂纹

（1）层裂（夹层）

缺陷特征：粉料压制过程中排气不良，在压力作用下气体在与加压方向垂直的平面上分布，当压力撤除后，气体膨胀形成层状裂纹。

产生原因：操作不当；粉料含水率太高，排气性能不良；粉料含水率太低，坯体强度不好，不足以克服少量残留气体膨胀产生的应力；粉料级配不良；压力过大，残留气体被过分压缩而膨胀。

解决办法：严格执行操作规程，使用质量合格的粉料，采用适当的压力。

（2）角裂

缺陷特征：砖坯角部开裂。

产生原因：粉料流动性不足或操作不规范而导致角部填料太松、强度太差；砖坯外形设计不合理；在码坯、装坯和搬坯时，受到外界冲击应力的影响。

解决办法：使用流动性合格的粉料，严格执行填料操作规程；找出砖坯外形设计不合理的原因，并加以克服；在码坯、装坯和搬坯时轻拿、轻放。

（3）膨胀裂

缺陷特征：砖坯边部表面上有微小裂纹。

产生原因：脱模时模套下降太快，砖坯迅速膨胀，产生了较大的应力。

解决办法：严格执行脱模操作规程。

（4）大口裂纹

缺陷特征：素烧后，在砖坯边部出现大裂纹。

产生原因：砖坯强度不足以克服水分蒸发及砖坯收缩而产生的应力，由此产生规律性较强的裂纹，基本上出现在砖坯较疏松的边上；素烧升温太快。

解决办法：增大压力和增加加压次数，以提高砖坯强度；素烧采用适宜的升温制度。

3. 麻面（粘模）

缺陷特征：砖坯表面凹凸不平。

产生原因：粉料太湿或干湿不均匀，粉料温度太高；钢制模具的表面粗糙度不够；擦模次数太少。

解决办法：采用质量合格的粉料（水分适量并均匀分布），不用热粉料；提高钢制模具的表面粗糙度；勤擦模，在砖坯没有出现粘模现象之前，按照预定时间间隔进行擦模，或装设自动擦模装置。

4. 掉边、掉角

缺陷特征：砖坯边角掉落。

产生原因：操作不当；釉面砖、地砖的钢制模具开口宽度、深度不当或者精度不够，钢制模具使用时间太长造成边角部位疏松、粗糙。

解决办法：严格执行操作规程，轻拿、轻放；换用合格的钢制模具。

培训项目 4 坯体干燥

一、坯体中水分的类型

坯体中的水分按照结合形式可以分为三类——自由水、吸附水和化学结合水。坯体中不同结合形式的水分被排除时所需的能量是不同的，受外界条件的影响也有差异。

1. 自由水

自由水又称机械结合水，是由物料直接与水接触而结合的水分，它分布在固体颗粒之间。自由水与物料的结合较松弛，因此很容易被排除。随着自由水被排除，坯体中的固体颗粒相互靠拢，体积发生收缩。若坯体的体积收缩不均匀就会产生干燥缺陷，故自由水又称收缩水。

2. 吸附水

把绝对干燥的坯体置于空气中，随着环境温度和湿度的变化，坯体中的黏土颗粒易从空气中吸附一定量的水分，这种吸附在颗粒表面的水分称为吸附水。吸附水的数量随外界环境的变化而变化，环境的相对湿度越大，则坯体吸附的水分也越多。当坯料所吸附的水分与环境湿度达到动态平衡时，吸附的水分称为吸附平衡水分。坯体的吸附水被排除时，坯体体积几乎不收缩。

3. 化学结合水

化学结合水是指以原子、离子、分子形式结合在矿物原料分子结构中的水分，如结晶水、结构水等。这种形式的水分结合得最为牢固，排除时需要较多的能量，如高岭石的化学结合水排除需要在 400 ~ 600 ℃条件下进行。

二、干燥过程

干燥是陶瓷生产中一道重要的工序，其对象主要是坯体。一般陶瓷制品成型时（即湿坯）含有较多的水分，湿坯干燥后才具有足够的强度和抵抗变形的能力，以防止在搬运、修坯、施釉及装窑时破损；同时，干燥后的坯体在窑内可以快速升温而不易变形或开裂。干燥效果的好坏是决定制品质量和产量的重要因素之一。

1. 干燥过程中水分的排除

坯体干燥是一个脱水的过程，即将坯体放在空气中，由于空气中的水蒸气分压比坯体中的小，因此坯体中的水分就被排到空气中去了。人工控制的干燥过程必须有热源提供热量，并通过干燥介质把热量传递给坯体，坯体表面的水分获得热量后蒸发，扩散到干燥介质中，借助干燥介质的流动，水分不断地蒸发、扩散，从而使整个坯体得到干燥。

坯体干燥过程中水分的扩散形式分为两种：一种是水分从生坯的内部迁移到表面，称为内扩散；另一种是水分从生坯表面蒸发到周围干燥介质中去，称为外扩散。内扩散和外扩散都是传质过程，需要从热源吸收能量。在干燥过程中，自由水极易被排除。

2. 干燥的四个阶段

从坯体排除水分的机理分析，干燥过程可以分为升速阶段、等速干燥阶段、降速干燥阶段和平衡阶段。

（1）升速阶段。升速阶段又称加热阶段。在干燥前，坯体的温度约等于室温。在干燥初期，干燥介质使坯体获得的热量大于这时水分蒸发所需的热量，坯体的温度就升高，干燥速度得到提高。

（2）等速干燥阶段。在等速干燥阶段，坯体的温度和干燥速度保持恒定。坯体表面始终保持润湿状态，表面温度约等于湿法球磨温度，该温度与坯体的毛细管系统及固体物料含量有关。本阶段排除的是自由水，自由水的迁移主要是靠毛细管力的作用。随着自由水的排除，坯体中的颗粒靠近，体积逐渐收缩，收缩的体积相当于所排除自由水的体积。

（3）降速干燥阶段。当坯体中的水分减少到一定程度（即达到临界含水率），表面毛细管不再被水充满时，干燥速度开始逐渐下降，坯体就进入降速干燥阶段。此时坯体失去外表面的水膜，热能向内部传递，排除的是毛细管中的自由水。在本阶段，坯体的颗粒已相互接触靠拢，毛细管孔道缩至最小，增大了内扩散的阻力，使内扩散速度明显下降。此时内扩散速度小于外扩散速度，故干燥速度继续下降。随着水分的逐渐排除，坯体颜色由深变浅，气孔率增大，坯体强度得到提高，坯体体积略有收缩。

（4）平衡阶段。当坯体的含水率降至与周围环境的相对湿度一致时，干燥速度趋近于零，坯体中的水分处于平衡状态，干燥过程终结。此时，延长干燥时间已没有实际意义，只是浪费能源。

三、干燥方法

坯体的干燥方法有热空气干燥、红外线辐射干燥、微波干燥等。干燥设备的种类较多，一般可按照以下方法分类：按照生产的连续性可分为间歇式干燥设备和连续式干燥设备，按照运载机构的类型可分为隧道（车式）干燥器、链式干燥器、转盘式干燥器、推板式干燥器、喷雾（气流式）干燥器，按照干燥设备应用的热源可分为热空气干燥器、红外线辐射干燥器、微波干燥器。

1. 热空气干燥

常用的热空气干燥方法有地炕式干燥、室式干燥、隧道式干燥、链式干燥等。

（1）地炕式干燥。地炕式干燥主要利用地炕式干燥室（又称地炕式烘房）进行干燥，这种方法主要用于干燥普通陶器制品，特别是缸类制品的釉前干燥和釉后低温干燥。地炕式干燥室结构简单，投资少，可以利用隧道窑的废烟气或直接燃烧煤炭加热，但热利用率低，占用厂房面积大，干燥周期长，劳动强度大。

（2）室式干燥。室式干燥又称厢式干燥，主要用于小件坯体的干燥。这种方法所用的干燥室设置多层坯架，坯体在干燥一定时间后取出。其干燥介质主要是从隧道窑冷却带抽出的热风，热风从干燥室的侧墙或下部鼓入，进而干燥坯体；废气则由干燥室顶部排出。有的干燥室也利用隧道窑的烟气，在干燥室的底部和夹墙通道间接干燥坯体。室式干燥的干燥介质温度一般在 40 ~ 80 ℃，干燥周期由干燥品种和干燥介质温度而定，总干燥时间在 8 ~ 12 h。室式干燥室结构简单，容易建造，但热利用率较低，坯体干燥不够均匀，劳动强度也较大。

（3）隧道式干燥。隧道式干燥是一种连续的干燥方法，主要用于缸、坛、盆等制品的干燥。这种方法借助推车装置（即干燥车）将坯体定时地从一端送入，从另一端推出。干燥介质主要有从隧道窑冷却带抽出的热风、燃气窑的废烟气、锅炉水蒸气等。隧道干燥器一般长 20 ~ 35 m，高和宽 1 ~ 1.7 m。典型的隧道干燥器原理如图 5–21 所示。干燥介质从隧道出口端进入，最后在隧道入口端被排烟风机抽出，而装有湿坯的干燥车则与干燥介质做反方向的移动，所以这种干燥器又称逆流式隧道干燥器。在隧道干燥器的一定部位安装循环风机可以搅动气流，使干燥介质在干燥器中得到循环利用，解决了气流分层的问题，显著改善干燥效果，也提高了热利用率。循环风式隧道干燥器的干燥介质温度一般在 40 ~ 80 ℃，干燥周期在 8 ~ 12 h。

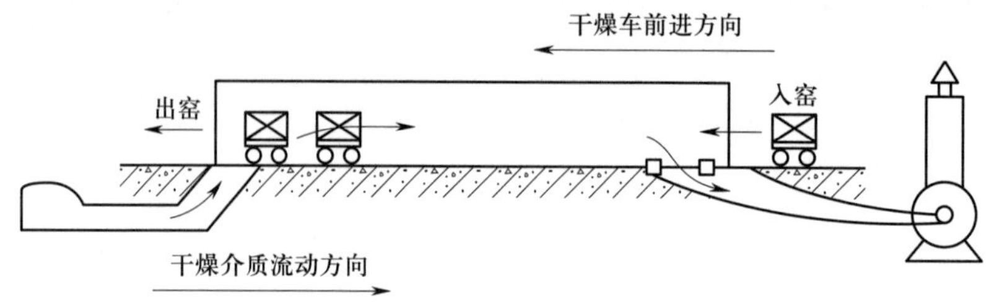

图 5-21　典型的隧道干燥器原理

（4）链式干燥。链式干燥广泛用在小件薄壁陶瓷制品的生产流水线上，它使成型、干燥和施釉三道工序可以连续地、机械化地进行。典型的链式干燥器分为卧式（见图 5-22）、立式（见图 5-23）和立卧结合式。干燥介质主要是隧道窑冷却带的热风、换热式热空气和锅炉蒸气。通常干燥介质从顶部分散送入，废气则由底部分散排出，这样可使坯体均匀地干燥。有时采用废气循环，以灵活调节干燥器中干燥介质的温度及湿度，保证干燥质量。干燥介质的温度一般在 50 ~ 80 ℃，干燥周期在 2 ~ 3 h。

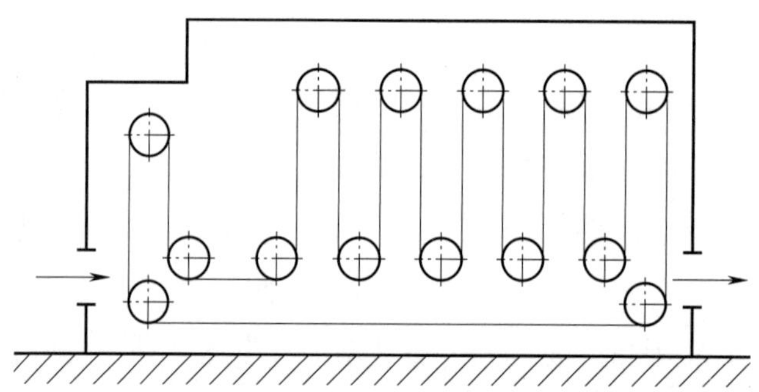

图 5-22　卧式链式干燥器

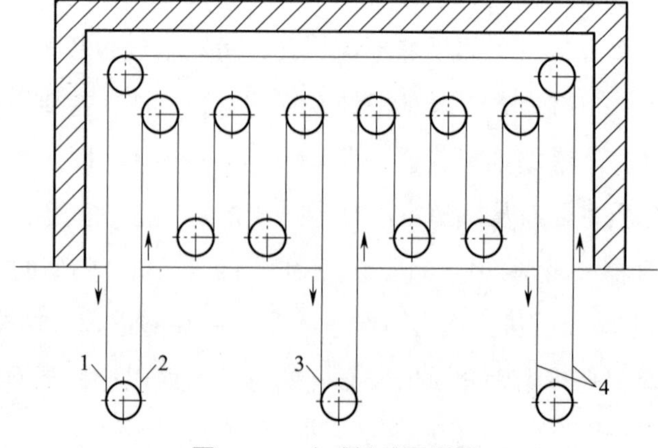

图 5-23　立式链式干燥器

1—干坯出口　2—湿坯入口　3—脱模干燥岗位　4—修坯岗位

立式链式干燥器又称“空中楼阁式”干燥器，它可改善工作环境。立式链式干燥器采用双层结构，坯体在上层干燥，工人在下层操作，降低了工作环境温度，大大改善了工人的操作条件。如图 5–23 所示，1 是干坯出口，即将干坯取出的岗位；2 是湿坯入口，即把成型后的湿坯带模送入干燥器的操作岗位；3 是脱模干燥岗位；4 是修坯岗位。

立式干燥器可以采用定位喷射热风或无定位风盒喷射热风进行快速干燥，干燥周期可缩短至 30 ~ 90 min。

2. 红外线辐射干燥

红外线是一种波长介于可见光与微波之间的电磁波，波长为 0.76 ~ 1 000 μm。通常把红外线分为三个区段：近红外线，波长为 0.75 ~ 1.5 μm；中红外线，波长为 1.5 ~ 6 μm；远红外线，波长为 6 ~ 1 000 μm。陶瓷坯体干燥一般使用远红外线。

远红外线辐射干燥原理具体如下：水是对远红外线敏感的物质，在远红外线作用下，水分子吸收能量后使分子的键长和键角剧烈振动，偶极矩频繁改变而自发生成热量。根据这一原理，利用远红外线辐射装置发出远红外线，当其辐射到坯体上后被水分子吸收，就直接转变为热能，使水的温度快速升高并以水蒸气的形态排出。

3. 微波干燥

微波是指频率为 0.3 ~ 300 GHz，波长为 1 ~ 1 000 mm 的电磁波。微波干燥一般取用频率在 0.3 ~ 3 GHz 频段，波长在 100 ~ 1 000 mm 波段的超高频电磁波。

微波干燥原理具体如下：把被干燥的湿坯置于微波场中，其中的极性水分子吸收微波能量后剧烈振动，自发地生成热量而达到加热目的。目前在微波加热领域，普遍采用（955 ± 25）MHz 和（2 450 ± 50）MHz 这两组频率。云母、陶瓷、玻璃、塑料等物质能透过微波，大多数含水的物质都能吸收微波能量而被加热。注意，微波碰到金属时会被反射，因此不能加热金属。

微波干燥的优点是加热快速、均匀；脱水快，电耗小；设备体积小，易于实现自动控制。微波干燥的缺点是设备成本较高，且强微波辐射对人体有害，应注意防护。

四、干燥缺陷分析

干燥过程中坯体常见的缺陷是变形和开裂。这些缺陷与干燥制度、坯料性质密切相关，总的来讲是由于干燥不均匀，坯体内部产生应力作用的结果。其原因可以归纳为以下几个方面。

1. 坯料配方中塑性黏土太多或不足，原料颗粒过粗或过细，或坯料混合不均匀。

2. 坯料含水率太高，或水分分布不均匀。

3. 练泥或成型时坯料组织中所形成的颗粒定向排列，由此引起的收缩应力未能完全排除。

4. 成型时受压不均匀，坯体各部位致密度不同，因而收缩率也不同。

5. 干燥制度控制不当，坯体内部产生应力。在干燥初期坯体尚处于可塑状态时，若这种应力已相当大，就会使坯体扭曲变形。若坯体表面已经硬化，在这种应力超过坯体的承受值时，就会造成开裂。

6. 干燥不均匀。干燥器内气流仅向一个方向流动或温度不均匀，或石膏模型各部位的吸水率不同，在干燥时都会引起坯体收缩不均匀，发生变形与开裂。所以在干燥初期，大型制品的边缘及棱角处要用湿布或塑料膜覆盖好，以免干燥过快，造成各部位干湿不均匀。

7. 坯体放置位置不平或放置方法不当，在干燥过程中由于自身重力作用而引起变形。例如，坯体与托板间摩擦阻力过大，会阻碍坯体的自由收缩，当摩擦阻力大于坯体本身的抗张强度时就会开裂，这对大型制品来说尤其要注意。

8. 干燥初期气流中的水蒸气冷凝在坯体上，继续干燥时也会使坯体开裂。

9. 器形设计得不合理，结构过于复杂，厚薄不一致，难以均匀干燥。

由此可见，在干燥过程中产生变形和开裂的原因有很多，需要从实际情况出发进行具体分析，必须根据制品的特点制定合理的干燥制度，避免坯体收缩不均匀而产生破坏应力。

培训项目 5 修坯与粘接

一、修坯

成型的粗坯表面不够光滑，常有毛边，一般需要经过干修与湿修，使形状及表面粗糙度达到要求。

1. 干修（磨坯）

干修适用于盘类、碟类、碗类和杯类制品。注浆鱼盘和圆形制品要在镟铲车上进行修坯，干修时其含水率一般控制在 3% 以下，镟铲车的转速控制在 280 ~ 600 r/min。干修时，可先采用 80 号、100 号、120 号的刚玉砂布或 60 ~ 80 目（孔径 0.188 ~ 0.25 mm）的铜丝网将坯体表面擦光、口部擦圆，然后再进行水洗。

2. 湿修

湿修是指按照制品形状要求用刀具将粗坯（包括足部、假口、模缝、底部等）修薄、修平和修光的一种修坯操作。湿修时坯体的含水率要高些，一般在 16% 左右。湿修适用于形状复杂、异形或大件制品，如缸类、壶类等。湿修所用工具为各种形状的、锋利的铁制小刀具等。

二、粘接

1. 粘接方法

粘接是将分别成型好的部件粘成完整坯体的操作。目前，国内多用手工将嘴、把、耳等附件粘接在坯体主件上。

粘接根据坯体的含水率分为干接和湿接。干接时坯体含水率在 3% 以下，由于此时坯体已干透变硬，操作时坯体不易变形，但接头处易开裂。湿接时坯体含水率在 15% ~ 19%，此时坯体较软、易变形，但粘接处不易开裂，粘接泥易调配，粘接效率高。粘接技术要求较高，工厂中普遍采用湿接方法。对于一些接头面积较大、较重的粘接件，一般需要采用干接方法。

2. 粘接泥

粘接泥是指粘接时所用的泥浆或软泥。良好的粘接泥应具备下列工艺性能：黏着性好，干燥收缩率小，干燥强度大，干燥时不开裂；与坯釉结合良好，烧结性能、烧成温度与坯釉相适应；烧成后应与被粘接物融为一体，内聚力要求大于主件与附件之间的收缩应力，以保证接缝牢固不开裂、热稳定性好。

粘接泥可用本坯泥，也可另外配制。为了使坯体粘接处粘接牢固，一般要求粘接泥的干燥收缩率和烧成温度均低于坯料，故在粘接泥的原料中需要增加少量的瘠性原料和熔剂原料。配制粘接泥的方法有以下几种：在本坯泥中掺部分釉料；以本坯泥为主，加入部分熔剂原料，如长石、滑石、白云石等；在本坯泥中加入有机添加剂，如羧甲基纤维素、树胶、腐殖酸钠等，或加入高可塑性黏土如紫木节土等；在本坯泥中加入少量的瘠性原料，如废瓷粉、石英粉等。

粘接泥以本坯泥为主，引入部分釉料或其他熔剂原料等，可使其工艺性能与坯料相似，烧成温度比坯料稍低，烧后色泽与坯体一致，与坯体融合良好。粘接泥引入长石、滑石等熔剂原料和废瓷粉、石英粉等瘠性原料，可降低其干燥收缩率，避免粘接处干燥开裂。粘接泥引入有机添加剂或高可塑性黏土，可提高其黏着性，有利于粘接。

粘接泥的细度应与坯料差不多。干接用的粘接泥比坯料要稍粗。粘接泥含水率根据品种、规格及季节进行调整。一般瓷器坯体用的粘接泥含水率为30% ~ 40%，炻器和精陶坯体用的粘接泥含水率为30%，普陶用的粘接泥含水率为26%左右。

3. 粘接技术要点

（1）主件与附件含水率要基本一致，避免二者干燥时收缩不一致而产生应力，使粘接处开裂。

（2）主件与附件接口处的形状要吻合，以免粘接处开裂、渗漏或缺釉。

（3）粘接泥含水率要适宜，物料和水要混合均匀。

（4）粘接时动作要快，粘接位置要准确、端正，用力要适宜、均匀。

培训项目 6

成型模具

一、模具用原材料

石膏模型是陶瓷制作中的重要辅助工具，可塑成型或注浆成型都需要大量的石膏模型。由于石膏具有价格便宜、制造方便、复制清晰、棱角线条突出等优点，因此应用广泛。但是，石膏模型使用寿命短、消耗量大，且废石膏难以利用，尤其日用陶瓷厂家采用了滚压成型与高温快速干燥等新工艺后，石膏模型就暴露了其致命弱点——强度低与耐热性差。因此，陶瓷技术人员不断研究延长石膏模型使用寿命与解决废石膏利用的课题，积极研制新材料以取代石膏模型。

1. 石膏

石膏具有多孔性，能吸收水分，可使坯料在模型内逐渐脱水、硬化形成一定的形状。石膏的质量以及模型的设计、制造工艺不仅直接影响陶瓷制品的外形、尺寸，而且对坯体变形、开裂等缺陷的产生也有一定影响。石膏的主要成分为含水硫酸钙，是自然界里分布最广的一种硫酸盐矿物，其分子式为 $CaSO_4 \cdot 2H_2O$，又称二水石膏。

石膏在 180 ℃左右时失去部分结晶水后成为干粉状，具有可吸收水分而硬化的特点。一般石膏加水搅拌均匀后的凝固时间为 2 ~ 8 min，发热反应时间为 5 ~ 8 min，冷却后即形成结实坚固的物体。

理论上石膏与水搅拌时进行化学反应需要的水量为石膏质量的 18.6%，但在模型制作过程中，实际的加水量要大得多，其目的是获得具有一定流动性的石膏浆以便浇注，同时能获得表面光滑的模型。多余的水分在干燥后留下很多毛细孔，使石膏模型具有吸水性。

吸水率是石膏模型的一个重要参数，它直接影响注浆时的成坯速度。陶瓷用石膏模型的吸水率一般在 38%～48%。

石膏粉应存放在干燥的地方，使用时不要溅到水；装石膏粉的袋子要干净，严防使用过的石膏残渣或其他杂物混入。

2. 半水石膏

石膏中 3/4 的结晶水与硫酸钙的结合比较疏松，而其余 1/4 的结晶水则与硫酸钙的结合比较牢固。因此，石膏在加热时，在不同的温度条件下依次排出 3/4 结晶水与 1/4 结晶水。首先排出 3/4 结晶水而变成半水石膏（俗称熟石膏），然后在更高的温度条件下排出剩下的 1/4 结晶水而变成无水石膏。排出 3/4 结晶水的温度约为 150 ℃，排出 1/4 结晶水的温度约为 180 ℃。

由于加热条件不同，半水石膏有两种晶型，即 β- 半水石膏和 α- 半水石膏。

（1）β- 半水石膏。β- 半水石膏是在干燥大气中常压炒制的。一般将生石膏粉置于装有搅拌机的凸底铁锅内，经 160～170 ℃炒制（具体的炒制温度要根据各地石膏的化学组成而定）。炒制时要搅拌均匀，升温不宜过急，防止局部过烧。

常压炒制的 β- 半水石膏比容大、水膏比大，胶凝后气孔率高、强度低，并具有针状晶体。用 β- 半水石膏制造的陶瓷模型具有吸水率高的优点，但使用寿命短，不能用于压力较高的滚压成型。

（2）α- 半水石膏。α- 半水石膏是在有水蒸气存在的条件下加热、加压、脱水制得的。制备过程是先将块状石膏拣选、洗涤、粗碎；再送入密闭的蒸压釜中，在 130 ℃及 1.5～3 个大气压下蒸压 3～5 h，在此阶段，3/4 结晶水脱离二水石膏晶格，变成独立于二水石膏晶格之外的游离水，而原来的 $CaSO_4$ 晶格经溶解、再结晶形成针状或粒状 α- 半水石膏晶体；蒸压后再在 150～170 ℃的干燥室内干燥，使游离结晶水脱出；最后将其粉碎，细度用 100 目筛（孔径 0.15 mm）控制。

以蒸压法、水热法等不同工艺方法制得的 α- 半水石膏为致密的短柱状晶体，比容小、水膏比小，胶凝后强度高，俗称高强半水石膏。用 α- 半水石膏制作的石膏模型强度高、使用寿命长，并可以提高陶瓷制品的表面粗糙度，改善陶瓷制品的质量。由于 α- 半水石膏的生产工艺复杂，设备投资多，生产成本高，因此，国内外都把研发 α- 半水石膏的新工艺列为石膏产业的重大攻关课题之一。

二、模型放尺

坯体经过高温烧结而挥发水分，成为致密的陶瓷制品，其体积必然缩小，这种现象称为收缩。收缩的程度有一定规律，通常用收缩率来表示收缩程度。

坯体有干燥收缩和烧成收缩，石膏模型应按其收缩率留出放尺尺寸。在测出坯体总收缩率（$S_{总}$）后，即可按下式计算放尺尺寸：

$$L_0=\frac{L_{烧}}{1-S_{总}}$$

式中 L_0——放尺后模型尺寸，mm；

$L_{烧}$——制品烧后尺寸，mm；

$S_{总}$——坯体总收缩率，%。

计算放尺尺寸时，制品在平行于石膏表面和垂直于石膏表面方向上的口径应有不同，因为在坯体形成过程中，泥浆中黏土矿物的片状晶体多平行于石膏表面做定向排列，因此平行于石膏表面方向的收缩率小于垂直于石膏表面方向的收缩率，同时由于重力作用的影响，垂直高度上的收缩率也往往较大。

三、石膏模型的制作

1. 石膏浆的调制

（1）准备好盆和石膏粉。

（2）在盆中先加入适量的水，水：石膏 =1：n（n=1.4 ~ 1.8），再慢慢地把石膏粉沿盆边缘撒入水中，一定要按此先后顺序操作。

（3）当石膏粉不再自然吸水沉陷时，稍等片刻，用搅拌棒搅拌，搅拌要快速、均匀，使石膏浆成糊状。

（4）挑除石膏浆里的硬块和杂质。

2. 石膏模型的翻制

石膏模型的翻制过程具体如下。

（1）清理工作台，把石膏母模清理干净，在石膏母模上均匀地涂抹脱模剂。注意，各个部位必须均匀地涂上脱模剂，不能遗漏。

（2）按顺序合模夹紧，并安放好各种模具的内配件。

（3）将调制好的石膏浆缓缓地注入石膏母模空腔内，并不断搅动或振动石膏浆，使气泡排出，直至注满石膏母模。

（4）静置一段时间，等石膏发热、固化后可开模，如果石膏母模不容易打开，可以采用轻敲、气冲、水冲泡等方法打开。

（5）每个石膏模型做完后，都要及时用钢锯条修整，注意石膏模型的接口要吻合。

（6）将做好的石膏模型进行烘干，烘干温度不得高于 60 ℃，以免因粉化而报废。

整个翻制过程必须细致，牢记均匀地涂抹脱模剂，要求石膏模型表面平整、内部光滑，不允许有飞棱和毛边。

思 考 题

1. 简述注浆成型的特点和过程。
2. 空心注浆成型与实心注浆成型有哪些区别？
3. 注浆成型常见的缺陷有哪些？简述其产生原因及解决办法。
4. 可塑成型方法有哪些？
5. 坯体中的水分有哪些类型？
6. 坯体的干燥分为哪几个阶段？
7. 简述石膏模型的制作过程。

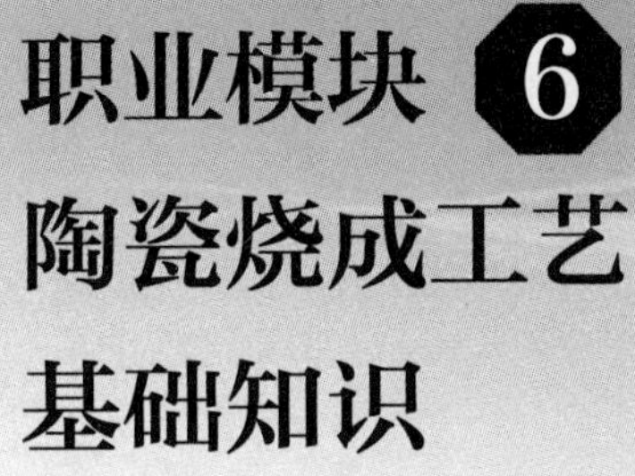

职业模块 6 陶瓷烧成工艺基础知识

熟悉陶瓷的烧成过程。

了解陶瓷的烧成制度。

了解常用的陶瓷烧成用窑。

了解陶瓷烧成常见缺陷。

培训项目 1 陶瓷烧成过程

烧成是指将陶瓷坯体放在窑中进行加热，使其发生一系列物理和化学变化，形成预期的化学组成和显微结构，从而形成固定的外形并获得所要求性能的工序。烧成时坯体将发生脱水、分解、化合等物理和化学变化，烧成后制品具有一定的机械强度及使用性能。

烧成是陶瓷生产中的重要工序之一。陶瓷坯体烧成时的温度制度、气氛制度、压力制度等与制品的质量有直接关系。陶瓷烧成用窑主要分为间歇式窑和连续式窑。

一、烧成过程的阶段划分

在整个烧成过程中，陶瓷坯体在窑内经历了不同的温度变化和气氛变化，既有氧化、分解、新晶体生成等复杂的化学变化，也有脱水、收缩以及密度、颜色、强度、硬度等改变的物理变化，这些变化总是相互交错地同时进行。

陶瓷坯体烧成时，根据不同温度区间的主要变化与主要作用可分为四个阶段，见表 6–1。

表 6-1　坯体烧成的四个阶段

烧成过程	主要变化	主要作用	温度区间
低温阶段	质量降低，气孔率增大	排除坯体中的残余水分	室温～300 ℃
中温阶段	化学结合水的排除，有机物、碳素的氧化，碳酸盐、硫酸盐矿物的分解，石英晶型的转变	分解与氧化	300～950 ℃
高温阶段	化学结合水的继续排除，氧化分解反应的继续进行，铁的还原，液相的形成，新晶体的形成和长大	玻化成瓷	950 ℃～烧成温度
冷却阶段	液相的再结晶，液相的过冷凝固，石英晶型的转变	冷却	烧成温度～室温

1. 低温阶段（水分蒸发期）

陶瓷坯体在这一阶段主要是排除在干燥过程中没有排除的残余水分。

（1）水分的排除。陶瓷坯体的入窑含水率一般控制在 2% 以下，这时坯体的气孔率为 25%～40%。当坯体的入窑含水率较低时，升温速度可以较快，残余水分容易被排除。日用陶瓷制品一般体小壁薄，在这一阶段可以快速升温而不至于使制品开裂。

当坯体的入窑含水率较高时，升温速度要严格控制。因为当坯体的温度高于 120 ℃时，坯体内的水分强烈蒸发，有可能引起过大的破坏应力使制品（尤其是大型厚壁制品）开裂。

低温阶段要求加强通风，目的是使饱和了水蒸气的烟气及时排除，否则当温度继续下降至露点时，一部分水蒸气凝聚在制品表面会使其局部胀大，易造成“水迹”、开裂等缺陷。

（2）低温吸碳反应。在低温阶段，残余水分被排除，气孔率增大，因此烟气中的 CO 分解时析出的碳素会吸附在气孔表面，如果碳素析出过多，就会对制品烧成质量有较大的影响。

2. 中温阶段（氧化分解与晶型转变期）

这一阶段发生的物理和化学变化与温度、升温速度、窑内气氛等因素有关。

（1）化学结合水的排除。黏土及其他含水矿物的化学结合水排除温度范围（即脱水温度范围）随着坯料矿物组成与矿物晶体完整程度的不同而有所不同。几种含水矿物的脱水温度范围如下：高岭石 450 ~ 600 ℃，珍珠陶土 500 ~ 700 ℃，蒙脱石 700 ~ 900 ℃，伊利石 550 ~ 650 ℃，叶蜡石 600 ~ 750 ℃，瓷石 450 ~ 700 ℃。

脱水温度范围与加热快慢有关，在快速烧成时，脱水温度特别是起点温度要高。脱水温度还与原料的分散度有关，原料越细，则脱水的起点温度就越低。

陶瓷坯体中含水矿物以高岭石为主，在它的脱水温度范围内，化学结合水被迅速排除，质量迅速减小，黏土晶体结构遭到破坏，逐渐失去可塑性，脱水后生成偏高岭石。

（2）有机物、碳素的氧化。陶瓷坯体中的有机物和碳素有的来自原料，有的来自低温阶段沉积在坯体表面上未燃尽的碳粒。碳素的氧化开始于 400 ℃左右，一般要到 900 ℃以上时才能彻底烧清。在此阶段，如果不将有机物和碳素彻底烧清，当釉层熔融将坯体气孔封闭后，就很难再烧掉，容易形成烟熏、起泡等缺陷。

（3）碳酸盐、硫酸盐矿物的分解。陶瓷坯体中或多或少都夹杂一些碳酸盐、硫酸盐矿物，它们必须在此阶段分解，且分解产生的气体要在釉层封闭之前全部逸出，不然将会引起坯泡等缺陷。

（4）石英晶型的转变。石英在 573 ℃时开始发生晶型转变，由 β- 石英转化为 α- 石英，同时伴有 0.82% 的体积膨胀，使陶瓷坯体体积膨胀，相对密度下降。但此阶段陶瓷坯体的气孔率较大，可部分抵消因石英晶型转变所引起的破坏应力。随着温度的升高，陶瓷坯体的机械强度也得到提高，能够抵抗一定的膨胀应力。对于体小壁薄的陶瓷坯体来说，石英晶型转变所引起的破坏应力很小；但是对于大件厚壁制品来说，则必须加以重视，应适当降低升温速度。

3. 高温阶段（玻化成瓷期）

（1）化学结合水的继续排除，氧化分解反应的继续进行。随着升温速度的提高，某些黏土矿物中的化学结合水往往推迟排除，甚至在 1 000 ℃以上时才能排完。在陶瓷坯体较厚，升温速度较快的情况下，黏土矿物的脱水温度范围被拉得很宽。

陶瓷坯体在前一个阶段的氧化分解实际上是不完全的，因为随着水蒸气及其他气体的急剧排除，坯体周围形成一层气膜，这层气膜妨碍氧气继续向坯体内部渗透，从而使坯体气孔中的沉积碳难以烧尽。在此阶段，氧化分解反应继续进行。

（2）铁的还原。在 1 000 ~ 1 100 ℃时，Fe_2O_3 在还原气氛中被还原为 FeO，坯体呈青白色。

（3）液相的形成。陶瓷坯釉料中均含有少量的 K_2O、Na_2O、CaO、MgO 等熔剂氧化物，它们在不同的温度条件下能与 SiO_2、Al_2O_3 形成各种低共熔物（液相）。

（4）新晶体的形成与长大。高岭石在前一阶段脱水生成偏高岭石后，在 900 ℃以上时分解成游离的 Al_2O_3 与 SiO_2，在 1 100 ~ 1 200 ℃时又开始重新结晶形成莫来石。过剩的 SiO_2 则转变为方石英，再与莫来石晶体一起形成陶瓷坯体的骨架，而玻璃态的液相则起到胶合作用，并填充所有的空隙，使制品形成一个整体，此时制品完成了瓷化。

4. 冷却阶段

冷却阶段是制品烧成的最后阶段。

（1）液相的再结晶。在冷却阶段的初期，即由烧成温度冷却至 800 ℃左右，随着温度降低，坯体中处于黏滞状态的液相的黏度不断提高，此时如果冷却速度缓慢，则液相的黏度变化将不明显。一方面，黏度较低的液相会通过溶解与析晶作用，逐渐溶解微细的晶体并在较大晶体上析晶，使细小晶体减少而粗晶体增多；另一方面，釉层也会因冷却速度过于缓慢而析晶、失透。

（2）液相的过冷凝固。当由烧成温度降至 800 ℃左右时，如果冷却速度加快，则坯体中的液相将处于塑态，这对快速冷却引起的应力变化起到缓冲作用，同时能够避免坯釉析晶的产生，提高釉面的光泽度。在温度降到 800 ℃以下后，坯体中的液相将随着温度的继续下降由塑态逐渐转变为固态，形成玻璃相。

（3）石英晶型的转变。冷却过程中也存在石英的晶型转变，其中由 800 ℃冷却至 400 ℃是危险时期。在 573 ℃时，α- 石英转化为 β- 石英，同样伴有较大的体积变化，并且转化速度相当快。如果冷却速度过快，则极易造成温度不均匀，坯体中不仅会形成较大的结构应力，而且也将出现较大的热应力，从而出现炸裂缺陷。

因此，在冷却阶段，从烧成温度冷却至 800 ℃左右时，只要能保证窑内温度的均匀性，在陶瓷坯体能承受急冷应力的前提下，冷却速度应尽可能加快。但从 800 ℃冷却至 400 ℃时，冷却速度必须缓慢，防止陶瓷坯体炸裂。由 400 ℃冷却至室温时，陶瓷坯体中的玻璃相已经全部固化，内部结构也已定型，承受的热应力作用减小，冷却速度可适当加快。

二、烧成过程中的物理变化

烧成过程中陶瓷坯体发生的物理变化主要有质量减小、体积收缩、气孔率改变、颜色变化、机械强度与硬度变化。

1. 质量减小

在低温阶段，随着温度的升高，陶瓷坯体中的吸附水被排除，质量减小（减小的质量等于排除的吸附水质量）。至中温阶段，陶瓷坯体的质量由于化学结合水的排除而急剧减小。此外，由于有机物等矿物杂质的氧化与分解会释放大量气体，也要减小一定的质量。陶瓷坯体质量减小的多少与坯料组成有关，日用陶瓷坯体在烧成过程中一般减小 3%～8% 的质量。

2. 体积收缩

在低温阶段，残余水分蒸发，体积稍有收缩，之后就几乎维持不变。到 573 ℃时，β- 石英转化为 α- 石英，这种转变使石英的相对密度降低，体积膨胀，从而影响陶瓷坯体的体积。但在日用陶瓷坯体中，由于石英的含量不多，石英体积的膨胀与坯体其余成分的收缩会相互抵消，因而危害不大。到 900 ℃以后，陶瓷坯体内的液相逐渐形成，晶体颗粒在表面张力的作用下互相靠近，因而体积收缩逐渐加剧，直至烧结时达到最高峰，此时若再继续升温，坯体会出现过烧现象。一般日用瓷的烧成收缩率在 8%～14%，陶器的烧成收缩率在 6%～8%。

3. 气孔率改变

陶瓷坯体的气孔率由低温阶段开始逐渐增大，到氧化还原末期达最高峰。随着温度的进一步升高，由于液相的形成和体积的收缩，气孔率逐渐减小，到达烧成温度时，气孔率最小。如果温度继续升高，出现过烧现象，气孔率又随着坯体的膨胀而增大。

4. 颜色变化

未烧前，陶瓷坯体的颜色取决于其中的杂质，有大量有机物时呈灰色甚至黑色，有铁质存在时呈浅黄色。到中温阶段，由于有机物的氧化、挥发，只有铁质被氧化为 Fe_2O_3，因此一般呈粉红色或肉红色。经高温烧成时，如果是氧化焰烧成，则随着含铁量的增多，颜色从浅黄色、奶黄色直至变为红色；如果是还原焰烧成，由于 Fe_2O_3 被还原为 FeO 并生成硅酸亚铁，颜色将变为微微泛青的白色或青色。若坯体过烧或在高温保火阶段气氛控制不当，则易使 FeO 再次被氧化成 Fe_2O_3 而造成制品发黄。

5. 机械强度与硬度变化

随着吸附水的消失，陶瓷坯体机械强度略有提高。在化学结合水的排除阶段，机械强度无显著变化。在 573 ℃石英晶型转变时，机械强度略有下降。在 750 ℃以后，机械强度又逐渐提高。在良好烧结的情况下，陶瓷坯体的机械强度应为最高，但如果过烧，机械强度又要下降。

陶瓷坯体在 750 ℃之前都是非常脆弱的，在 750 ℃以后，由于长石 – 石英玻璃质及莫来石晶体开始形成，硬度逐渐增大，在良好烧结的情况下冷却后，陶瓷坯体的莫氏硬度可达 7 或 8。

三、影响陶瓷坯体烧成的主要因素

1. 坯料的化学组成与矿物组成

根据坯料的化学组成可以推断陶瓷坯体在烧成过程中膨胀或起泡的可能性，也可以估计其耐火度的高低，还可以推断其烧后色泽。但是，坯料的化学分析只能提供坯体在烧成过程中的大致情况，不能完全说明问题的本质，因为化学分析是将坯料的化学组成用氧化物表示出来的，实际上坯料的各种成分绝大部分不是以游离氧化物形式存在的，而是以各式各样的化合物形式存在的。更准确地说，陶瓷坯体在烧成过程中的物理和化学变化取决于坯料的矿物组成，如虽然高岭石和多水高岭石的晶体结构基本相似，但在加热过程中的脱水反应是不同的。即使是同一种氧化物，在两种不同矿物组成中所表现的特性和起到的作用也不一定相同。例如，同样是 SiO_2，在以不同晶态（石英、鳞石英、方石英）存在时，会表现出不同的特性；滑石和白云石中的 MgO 虽然是同一种氧化物，但作用也不同。

2. 坯料的物理状态

陶瓷坯体在烧成过程中的变化很大程度上还取决于坯料的物理状态，如粉碎的细度、混合的均匀性、接触的密切程度等。要获得质量良好的陶瓷制品，必须充分粉碎原料，正确配料并将其混合均匀。

培训项目 2　陶瓷烧成制度

烧成制度包括温度制度、气氛制度和压力制度这三项主要内容。温度制度和气氛制度是根据制品的不同要求来确定的，而压力制度是保证温度制度和气氛制度实现的条件，三者互相影响、相辅相成，共同影响烧后制品的质量和烧成工艺的顺利进行。

一、温度制度

温度制度常用烧成曲线来表示，烧成曲线描述了在陶瓷坯体烧成过程中，由室温加热升温到烧成温度以及由烧成温度冷却至室温的温度与时间变化情况。

烧成曲线的内容包括升温速度、最高烧成温度（又称止火温度）、保温时间和冷却速度。如图 6–1 所示为间歇式窑烧成曲线实例，如图 6–2 所示为隧道窑烧成曲线实例，如图 6–3 所示为辊道窑烧成曲线实例。

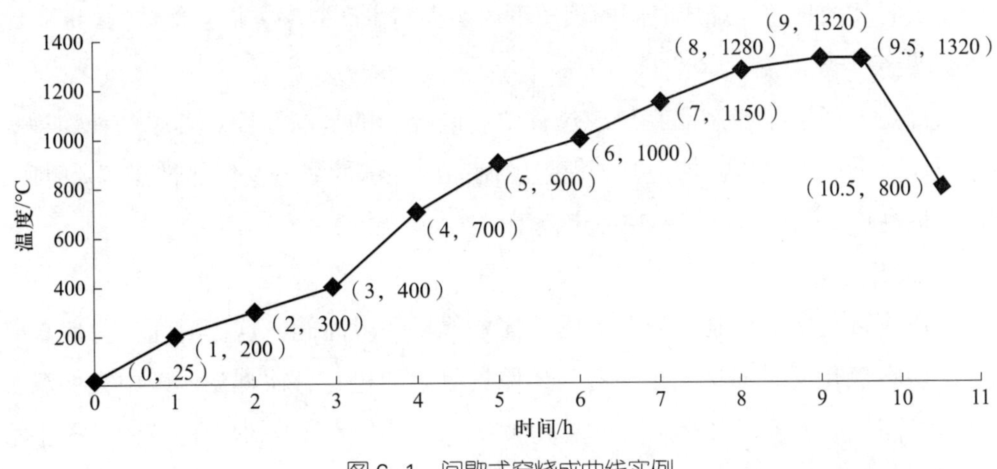

图 6–1　间歇式窑烧成曲线实例

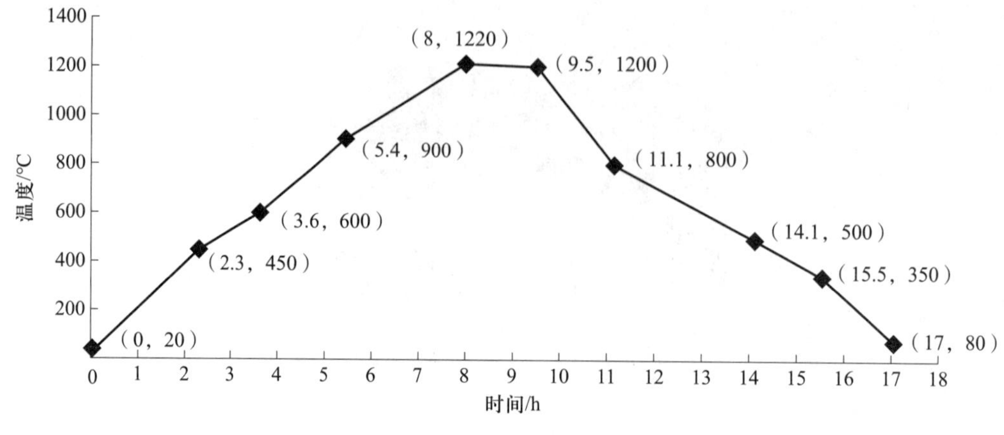

图 6-2　隧道窑烧成曲线实例

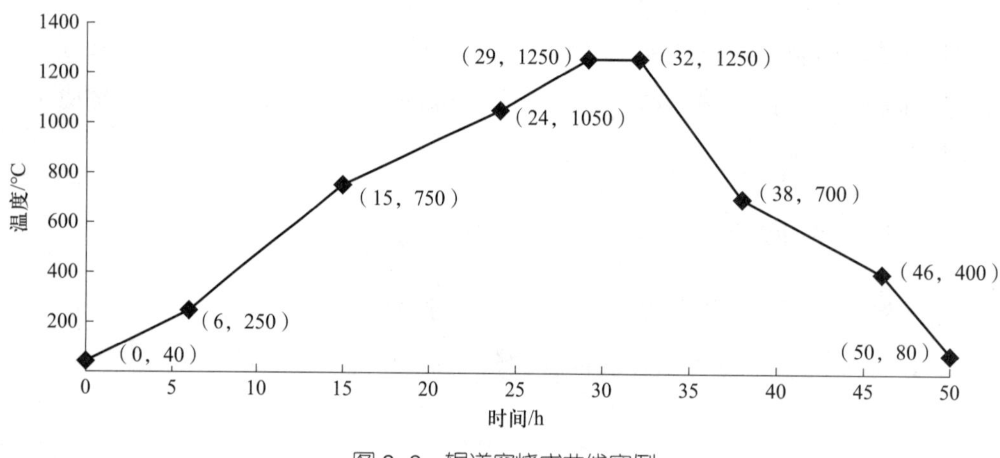

图 6-3　辊道窑烧成曲线实例

1. 升温速度

升温速度是指在不同的烧成阶段，窑内温度上升的快慢程度。升温速度直接影响烧成时间的长短。烧成时间的缩短不仅能提高生产效率，而且能节约燃料。

2. 最高烧成温度

最高烧成温度是指制品在烧成过程中所能经受的最高温度。考虑各种物理和化学反应是渐变的过程，加上窑内温差、制品内外部的温差及传热过程需要时间，制品的最高烧成温度可以控制在一定范围内。

3. 保温时间

在烧成过程中达到某一温度范围后需要保持一段时间，这段时间称为保温时间。一般在氧化气氛即将结束而转入还原气氛之前进行一次保温（即中火保温），在接近最高烧成温度时又必须进行一次保温（即高火保温）。保温的目的是拉平窑内温差，使全窑制品的高温反应均匀一致。

4. 冷却速度

冷却是使陶瓷坯体从高温时的可塑状态转至常温呈岩石般状态的凝结过程。冷却速度是否合适，对制品性能同样有很大影响。对于厚而大的坯体，如果冷却速度太快，则内外散热不均匀，会产生热应力而引起开裂。日用陶瓷坯体一般体小壁薄，有较多液相，在高温阶段尚呈可塑状态，且产生的热应力大部分可因液相的弹性和流动性而被补偿掉，因而加快冷却并无危险。高温快速冷却不仅可以缩短生产周期，提供大量余热，还可以提高釉的透明度与光泽度，也能防止冷却过程中大量冷空气进入窑内而导致已还原的铁质重新被氧化，对提高釉面白度有利。

二、气氛制度

燃料燃烧是一个较复杂的过程，往往同时产生氧化与还原过程。氧化过程的反应式具体如下：

$$C+O_2 \longrightarrow CO_2\uparrow$$

$$2H_2+O_2 \longrightarrow 2H_2O\uparrow$$

$$CH_4+2O_2 \longrightarrow CO_2\uparrow+2H_2O\uparrow$$

$$2CO+O_2 \longrightarrow 2CO_2\uparrow$$

还原过程的反应式具体如下：

$$CO_2+C \longrightarrow 2CO\uparrow$$

$$H_2O+C \longrightarrow CO\uparrow+H_2\uparrow$$

氧化过程按理论进行时便得到中性焰（中性气氛），此时进入的空气正好能烧尽所提供的燃料。当氧化过程是在导入过量空气的情况下进行的，燃烧后还残存氧气时，便得到氧化焰（氧化气氛）。当氧化过程是在空气不足的情况下进行的，燃烧后还有未燃尽的可燃物存在时，便获得还原焰（还原气氛），这时出现还原过程。

1. 氧化焰（氧化气氛）

氧化焰是在空气供给充分、燃烧完全的情况下所产生的一种无烟透明的火焰。燃烧产物的主要成分是 CO_2 与剩余氧气，不含可燃物质。氧含量在弱氧化焰时为 2%～5%，在强氧化焰时大于 5%。

陶瓷制品烧成时，在低温阶段对气氛没有特殊要求；在 400～1 000 ℃时，要求氧化气氛，而且是由弱到强，到临近高火阶段要以强氧化焰平烧一个时期（称为中火保温），其作用在前期是使坯体内的水分蒸发，在后期是使有机物与碳酸盐氧化分解完全，使坯体正常收缩，为进入还原期打好基础。

在充分供给空气时，如果剩余空气量过多，会使升温停滞或温度下降，从而浪费燃料，理想的情况应该是燃料得到完全燃烧，又尽可能地避免导入过多空气，但这是很不容易做到的。特别是在使用固体燃料时，如果不供给过多的空气就很难完全燃烧，一般总是或多或少有一点过剩空气才能获得完全燃烧。

2. 还原焰（还原气氛）

还原焰是在空气供给不充足、燃烧不完全的情况下所产生的一种有烟而混浊的火焰。此时空气过剩系数小于 1（在 0.7 ~ 0.9），燃烧产物内含有 2% ~ 7%（弱还原焰取下限，强还原焰取上限）的 CO 和 H_2，且几乎无游离 O_2 存在（至多不大于 1%）。

还原焰的作用主要是使坯釉内的绝大部分 Fe_2O_3（黄色或红色，熔点 1 560 ℃）被还原成 FeO（青色，熔点 1 420 ℃），在较低温度条件下与 SiO_2 结合为淡青色的易熔的低铁硅酸盐，从而促进坯体在较低温度条件下烧结，并消除由于 Fe_2O_3 的存在而形成的黄色，使白度得到提高。

还原焰对含铁量高的坯体来说是必不可少的，但在坯体含铁量低时也可不用还原焰，即用氧化焰烧成到底。有时在坯料中加入微量的钴盐（0.02%），钴的青色能冲淡 Fe_2O_3 的黄色而使坯体呈白色。

对于粗陶器、炻器、土器等，由于其坯料内多数含有较高比例的 Fe_2O_3 和 TiO_2，其釉料中也含有一定量的着色金属氧化物或它们的盐类，烧后能使制品呈现黄、红、棕、紫等颜色，因此只有采用强氧化气氛烧成，才能使制品色泽鲜艳，一般不必采用还原焰。

3. 中性焰（中性气氛）

理论上中性焰是进入的空气量恰好能燃尽燃料，空气过剩系数为 1，燃烧时实际消耗的空气量与理论上所需的空气量相等，无剩余的 CO 或 O_2 存在。事实上纯粹的中性焰很难获得，它总是稍偏于氧化焰或稍偏于还原焰。在釉料熔化直至坯体完全瓷化和釉充分熔融发光这一阶段，没有再用还原焰的必要，但也不应采用氧化焰，否则会使已还原的铁质重新氧化，所以要用中性焰。由于纯粹的中性焰不易获得，因此常用微弱的还原焰代替。

三、压力制度

对于使用燃料燃烧供热的窑，其窑内气体（烟气及空气）的压力对窑内温度和气氛有决定性的影响。通过调节窑的有关设备如烧嘴、风机、闸板等，可控制窑内各部分气体压力，使其呈一定规律分布。窑内气体压力的规律性分布称为压力制度。

压力制度起保证温度制度和气氛制度的作用，其重要性表现在以下三个方面。

1. 压力制度直接影响气氛制度

预热带为负压，烧成带、冷却带为正压，零压位控制在预热带与烧成带之间。这样的压力分布有利于气氛制度的稳定。预热带为负压可使排烟通畅，保证预热带的氧化气氛。烧成带保持微正压，可以有效地阻止外界冷空气侵入窑内，有利于保证烧成带的还原气氛。零压位在预热带与烧成带之间便于分隔焰性，使氧化与还原分带进行。如果压力制度被破坏了，窑内气氛也就随之改变，如烧成带如果出现较大的负压，窑内的还原气氛就被破坏了，制品就可能出现发黄的缺陷。

2. 压力制度直接影响温度制度

负压过大，吸入的冷空气过多，温度就会下降，温差也会增大。

3. 压力制度直接影响的其他内容

压力制度直接影响入窑空气量及出窑烟气量，也直接影响预热效果、燃烧效果、冷却速度等。

相关链接

窑内的压力一般是借助倾斜式压力计等测压仪表来测定的。在没有测压仪表的情况下，可以通过观察火孔的火焰情况来判断。如果火孔的火焰往外冒，则说明窑内的压力大于外界大气压力，窑内处于正压状态，且冒出的火焰越长说明窑内压力越大。如果火孔的火焰不往外冒，则说明窑内处于负压状态，也就是窑内的压力小于外界大气压力。此外，通过窑内火焰流动状态等也能判断窑内的抽力大小。

四、烧成制度的制定

1. 烧成制度的制定依据

（1）坯体的组成与性质及坯体在高温环境中发生的各种变化。坯体的组成与性质及坯体在高温环境中发生的各种变化均影响反应速度。根据坯料中各种矿物成分的差热曲线，可了解坯体在加热过程中不同温度区间所分解气体的情况。根据坯料的烧结性能曲线，可初步判断坯体的烧成温度和烧成温度范围，从而得出坯体在烧成过程中各阶段允许的升温与降温速度。

制定烧成制度时要充分考虑坯体的尺寸、形状、厚度和温度传导情况。坯体加热时由于传热过程需要时间，在坯体断面方向形成温度梯度，从而引起不同层坯体的不均匀膨胀（冷却时为不均匀收缩），这种不均匀膨胀或收缩使坯体内产生应力，导致坯体开裂或变形。升温（降温）速度越快，坯体尺寸越大、越厚，应力就越大，发生开裂或变形的概率就越大。

（2）釉料的性能与要求。坯体中产生的气体必须通过釉层逸出，在釉未熔融前，釉层是多孔体，气体能顺利通过釉层；而当大部分釉熔融后，气体就很难通过了，往往形成釉泡、气孔等缺陷。釉料的熔融温度范围应适应烧成设备及操作人员对烧成温度范围的控制程度。

在烧制光亮釉时，需要进行快速冷却，以防止釉熔体产生晶体。在烧制无光釉、结晶釉时，情况正好相反，应延长保温时间、慢速冷却，促进晶体的生成。因此，要针对釉料的性能要求制定烧成制度。

当釉层或者与釉层相关的装饰层的成熟温度与坯体的烧成温度相差较大时，应采用二次烧成或多次烧成。

（3）所用窑的情况。在制定烧成制度时应考虑窑的结构特点、装窑方式、燃料种类、供热能力、调节灵活性、窑具性质等。应根据不同制品选择适当的窑进行烧成，且窑必须能够实现制品所需的烧成制度。

在执行烧成制度的过程中，要随时根据坯釉配方变化、制品品种变化、燃料变化，甚至气候变化及烧成制品反馈的信息等因素予以调整。调整烧成制度时要注意调整效果的滞后性，一般来说，窑自重越大（或壁越厚），烧成周期越长，装窑密度越大，则滞后期越长。因此，要在调整并经过滞后期后，通过观察分析调整是否正确，以决定是否继续调整及如何调整。如果在滞后期内即做下一步调整，则可能会做出错误判断，导致烧成制度比调整前更为恶化。新型的薄壁轻型快烧窑滞后期很短，调整灵敏，为提高制品的烧成质量创造了条件。

2. 制品烧成制度的确定

（1）烧成温度曲线的拟订

1）升温速度。升温速度可依据制品所用原料的颗粒细度及其在各个温度段所发生的物理和化学变化、窑的大小、坯体的厚度与形状、装窑数量来综合确定。

在低温阶段即 300 ℃以前，升温速度主要取决于坯体的厚度、颗粒组成、进窑含水率以及窑内实际装坯量。当坯体较厚、颗粒致密、进窑含水率较高以及装窑容量较大时，升温太快将使坯件内部水蒸气压力升高而导致开裂缺陷的产生。因此，一般大件制品的升温速度控制为 30 ℃/h，而中小件制品的升温速度控制为 50 ~ 60 ℃/h。同时，注意加大烟囱抽力来确保通风。

在中温阶段，升温速度取决于原料纯度、火焰性质、气流速度以及坯体厚度。当原料较纯且分解物较少时，可以升温较快；但当坯体内杂质含量较多时，快速升温可能导致氧化分解反应不完全，后期容易出现坯体变色、釉泡等缺陷；当温度尚未达到烧成温度，化学结合水及气体产物的排除是自由进行的，且没有体积收缩（制品中不会产生应力）时，升温速度可加快。在这个阶段中，除了在 450 ~ 600 ℃时，因为高岭石的化学结合水需要迅速排除，升温应缓慢些，在其他温度条件下可加速升温，但要保证窑内的氧化气氛。

在高温阶段，升温速度取决于窑的结构、装窑密度和坯体收缩速度。当窑的体积较大时，升温过快导致温差较大，将引起高温反应的不均匀。另外，由于坯体玻璃相的多少与出现得快慢会引起坯体发生不同程度和速度的收缩，因此在收缩较快的阶段升温不易太快，而在收缩较慢的阶段可加快升温速度。一般燃气梭式窑在此阶段可以快速升温，但在最高烧成温度下应有适当的保温时间。

2）最高烧成温度。最高烧成温度的高低与坯体的组成和颗粒细度、制品的质量要求以及升温速度有关。最高烧成温度必须在坯体的烧成温度范围之内，如何确定则需要依据制品的内在性能和外观质量要求来决定。对于烧成温度范围较窄的坯料，适宜在烧成温度范围的下限烧成，延长保温时间；而对于烧成温度范围较宽的坯料，则可在上限烧成。最高烧成温度通常可通过测定试样的相对密度、气孔率、吸水率等来确定。

3）保温时间。保温时间的长短取决于窑的结构和大小、窑内温差情况、坯件的厚度和大小以及制品所要求达到的玻化程度。通常容积较大的窑升温较慢，为使全窑的坯体达到同一玻化程度，其最高烧成温度可以比小窑稍低，但保温时间必须较长。

4）冷却速度。冷却速度主要取决于坯体内液相的凝固速度。一般陶瓷中玻璃相的转变温度出现在从 830 ℃降至 800 ℃的冷却过程中，低于 800 ℃时塑性消失，并将发生残余石英的晶型转化。无论是液相由塑性状态（简称塑态）转变为弹性状态，还是晶型转变，都会使坯体内产生应力，因此在 800 ℃至 400 ℃的冷却期内应小心谨慎，适当降低冷却速度，以防坯体出现惊裂缺陷。在 400 ℃以下时，热应力变小，冷却速度又可适当加快。

（2）烧成气氛的确定。陶瓷的烧成仅仅依靠温度是达不到特定的物理和化学性质要求的，合理的气氛制度是保证陶瓷制品烧成质量的重要条件，而气氛制度的确定应以坯釉配方的组成和制品的性能要求为依据。

在陶瓷生产中，各种花釉、色料在不同气氛中烧成的呈色机理不同，因此必须控制烧成气氛。在烧成建筑陶瓷制品时，若氧化不完全，则坯体容易出现黑心等缺陷，因此一般在氧化气氛下烧成。对于日用陶瓷制品的烧成，仅从白度考虑，根据原料的含铁量或含钛量不同而要求不同的气氛：含铁量高的在还原气氛下是白里泛青，而在氧化气氛下是白里泛黄夹黑点；含钛量高的通常采用氧化气氛烧成。对于特种陶瓷如铁氧体陶瓷（又称磁性陶瓷），只有在氧化气氛下烧成才能达到预期的物理和化学性质要求。陶器对呈色要求不高，因此一般采用氧化气氛烧成。

培训项目 3 陶瓷烧成用窑

一、窑的种类与选择

1. 窑的种类

（1）按照生产特点分类。陶瓷烧成用窑按照生产特点分为间歇式窑和连续式窑。

1）间歇式窑。间歇式窑的生产过程是间歇和分批进行的，烧成由装窑、烧窑、冷窑和出窑四个过程组成，窑内的热工制度并不是恒定不变的，而是按照一定规律随着时间的推移而进行周期性变化的。常见的间歇式窑有梭式窑、钟罩窑等。间歇式窑有以下特点：结构紧凑，占地面积小，投资少，对小规模生产有利，能够灵活改变热工制度，生产方式和时间安排灵活，对待烧成制品的适应性强，可作为陶瓷生产的主要烧成设备和辅助烧成设备；但烧成周期长，产量低，热效率相对较低，劳动强度大，不易进行自动化生产。

2）连续式窑。连续式窑是指陶瓷制品的装窑、烧窑、冷窑、出窑等操作工序是连续不断进行的。常见的连续式窑有隧道窑、辊道窑、推板窑等。连续式窑有以下特点：生产周期短，产量大，制品质量高，热利用率高，单位制品的燃料消耗量低，有利于实现自动化生产，能改善劳动条件，窑体不经受周期性的反复冷热变化，使用寿命长；但烧成制度的灵活性小，只适合大量生产同一类型制品（对烧成制度要求基本相同），设备投资多，维修管理工作量大。

（2）按照热源供应方式分类。陶瓷烧成用窑按照热源供应方式分为柴窑、煤窑、油窑、气窑、电热窑等。柴窑、煤窑已基本被淘汰，只有少量艺术陶瓷烧成时使用。使用清洁能源的窑（包括气窑、电热窑等）已成为陶瓷烧成的主流设备。

（3）按照烧成温度分类。陶瓷烧成用窑按照烧成温度分为高温窑、中温窑、低温窑。

2. 窑的选择

（1）对于日产量小、种类较多、烧成温度各异的制品，由于其本身产量难以满足隧道窑的生产量要求，因此一般采用间歇式窑如梭式窑。

（2）对于呈色复杂的釉如窑变结晶釉，需要一定的保温时间及冷却时间，可采用传统梭式窑或电热梭式窑；如果窑变釉或结晶釉只是局部，可以选用快速窑，快速窑不是只能快速烧成，也可以放慢烧成速度，这时温差可控制到很小，但节能效果差。

（3）对于产量较大、重量较重、温度较高、釉色单一的高温日用陶瓷制品、卫浴陶瓷制品等，可选用台车式隧道窑。

（4）对于烧成温度在 1 300 ℃以下、产量较大的艺术陶瓷制品、日用陶瓷制品、卫浴陶瓷制品等，一般采用辊道窑或大型快速梭式窑。

二、用间歇式窑烧成陶瓷

1. 间歇式窑的结构与特点

（1）梭式窑。梭式窑（见图 6–4）以可移动的窑车台面作为窑底，制品的装卸可在窑外进行，装好坯件的窑车推入窑内，经烧成、冷却后再拉出窑外。窑车如同梭子，故称为梭式窑。

（2）钟罩窑。钟罩窑（见图 6–5）的外形像一座大钟，烧成时需要将窑体罩在制品上，烧成完毕再将其吊起来。

图 6–4　梭式窑

图 6–5　钟罩窑

2. 间歇式窑的操作控制

间歇式窑是间歇操作的，经过装窑、烧窑、冷窑、出窑四个操作阶段，其中装窑和烧窑是关键。烧成时必须对窑内的燃料燃烧过程、气体流动、传热等情况进行充分的了解。烟气先由下向上至窑顶，然后由窑顶向下流至窑底，经吸火孔排出。制品在窑内的位置固定，各烧嘴在不同阶段要担当氧化、还原、成瓷等不同的“角色”，升温速度和气氛要不断地变化。烧成时，燃烧产物以对流和辐射两种方式对制品表面进行加热。在低温阶段，以对流换热为主；在高温阶段，以辐射换热为主。冷却时，制品、窑墙及窑顶放出热量，传给从窑门、烧嘴等处入窑的冷空气。间歇式窑在升温过程中，燃烧产物自上而下流动，不断降低温度，放出显热加热制品。在冷窑过程中，冷空气从窑的下部（窑门、烧嘴）进入窑内，吸收制品散发的热量，成为热空气从烟道排出。

（1）装窑。间歇式窑装窑时所形成的气流通道既影响火焰对制品的传热，又影响气流分布的合理性，直接关系到制品的质量、烧成时间、燃料消耗等。为了保证装窑质量，装窑时应特别注意以下几点。

1）无论有无窑车，棚板立柱都应码得平、稳、直。

2）合理布置火道，使窑内气流畅通，烟气分布合理。

3）棚板与窑墙之间应留适当间隙，一般为 100 ~ 150 mm，方窑两端可达 150 ~ 200 mm。

4）在中部通道近窑门处应各放一组测温锥，用于测试窑内温度情况。

5）在保证装窑质量的前提下，应最大限度地利用窑室的有效空间，提高装窑密度。

6）不同制品应装在不同窑位上，如大件或厚壁制品宜装在窑的中部，以利于其充分瓷化，并避免冷却时温度变化过于剧烈而炸裂。

（2）烧窑。自点火开始至窑温达到 300 ℃属于坯体的干燥阶段，要求升温慢些，并将闸板提起以加强窑内的通风，同时应避免烟气湿度过大而导致水蒸气重新凝结在坯体表面。

窑温在 300 ~ 1 000 ℃时属于坯体的氧化阶段，应增加抽风量，在 900 ℃以前可以快速升温，并保持较大的烟气流速以增强对流换热，加速氧化反应。在 900 ℃以后，为了减小上下温差，为坯体进入还原期做准备，升温又要慢些，进入中火保温阶段。为了确保氧化气氛，应尽可能地不使过多可燃气体入窑。为了防止窑内负压过大，闸板应比干燥阶段稍下降，在进入中火保温阶段时，为了拉平上下温差，闸板还要再下降一些。当窑温升到 1 000 ℃左右时，氧化气氛转还原气氛烧成，烧嘴应适应不完全燃烧，闸板要进一步下降。为了使窑内气氛不至于波动太大，在成瓷阶段要求采用中性焰烧成，因此闸板应向上提起一些。

在烧窑过程中，应根据窑内温度和气氛要求不断改变闸板的开度，但要避免闸板的大提大降，以防窑内温度、气氛波动过大。

注意，间歇式窑的烧窑操作方法不是一成不变的，要根据操作时的具体情况、窑型、装窑情况、制品要求、燃料种类、气候条件等灵活掌握。在夏天和冬天，在晴天和阴雨天，闸板的开度也不相同。只有综合考虑各种对烧窑操作有影响的因素，采取适当措施，加强操作管理，才能把间歇式窑烧好。

（3）冷窑。冷窑是指按工艺要求把制品安全地冷却至可以出窑的操作阶段。冷窑方法不当会使制品惊裂甚至倒塌。日用陶瓷制品可以快速冷却，故应加大闸板开度，甚至将窑门打开一点缝隙。当窑内温度降到 850 ℃左右时，将窑门缝隙关上，降低冷却速度。当窑内温度降至 200 ℃时，可以打开窑门，用自然通风的方式达到冷窑的目的。

（4）出窑。当窑内温度降到 80 ℃以下时，即可将制品取出。

三、用隧道窑烧成陶瓷

1. 隧道窑的运行特点

隧道窑根据火焰是否与制品接触分为明焰隧道窑、隔焰隧道窑、半隔焰隧道窑。明焰隧道窑的火焰直接进入隧道并与制品接触。隔焰隧道窑在火焰与制品之间有隔焰板，火焰加热隔焰板，隔焰板再将热量辐射给制品。半隔焰隧道窑的隔焰板上开有小孔，让部分燃烧产物与制品接触；或烧成带为隔焰，预热带为明焰。隧道窑的外观如图 6–6 所示，隧道窑制品装车如图 6–7 所示。

图 6–6　隧道窑的外观

图 6–7　隧道窑制品装车

2. 隧道窑的工作系统与三带的划分

（1）隧道窑的工作系统。隧道窑烧成时，装载在窑车上的坯体在推车机的推动下不断地随窑车从窑头进入窑内。燃料在设于烧成带的烧嘴处燃烧，产生的燃烧产物进入窑内，从烧成带流向预热带，与坯体进行热交换后经排烟风机、支烟道、主烟道，从烟囱或排烟风机排出。坯体和燃烧产物的运行方向相反，在加热过程中发生一系列的物理和化学变化，到达烧成带末端时坯体完成烧成。坯体进入冷却带快速、安全冷却，经冷却的制品从窑尾随窑车推出。传统隧道窑的工作系统示意图如图 6-8 所示，现代隧道窑的工作系统示意图如图 6-9 所示。

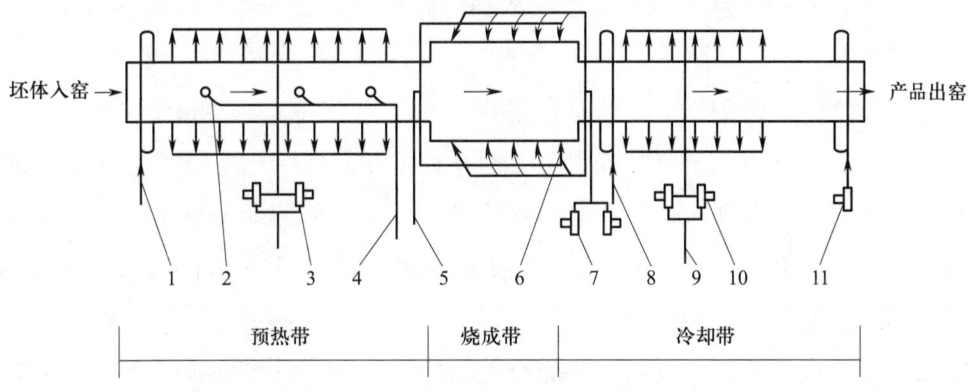

图 6-8 传统隧道窑的工作系统示意图

1—封闭气幕送风 2—搅拌气幕 3—排烟风机 4—搅拌气幕送风管道 5—重油或煤气管道 6—烧嘴 7—雾化或助燃风机 8—急冷送风管道 9—抽热风送干燥器管道 10—热风机 11—冷风机

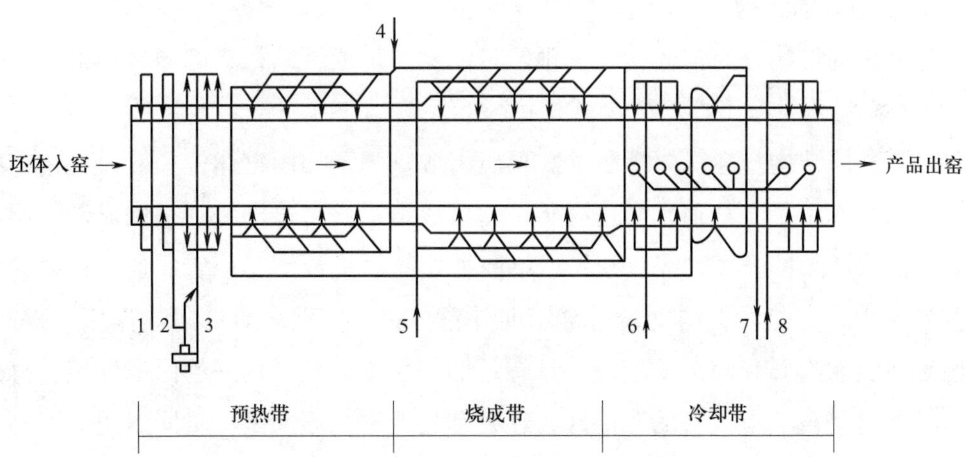

图 6-9 现代隧道窑的工作系统示意图

1、2—窑头两道封闭气幕 3—预热带前部的分散排烟口 4—预热带下部两侧的高速调温烧嘴 5—烧成带两侧的高速烧嘴 6—冷却带高速喷入的急冷气幕 7—冷却带窑顶分散抽出热风 8—冷却带高速调温烧嘴

现代隧道窑（明焰）采用净化燃料明焰裸烧。在烧成带两侧水平交错地布置多个高速烧嘴，有利于强化窑内的传热，均匀窑温和调节烧成曲线。在预热带下部两侧，水平交错地布置多个高速调速烧嘴，有利于控制预热带烧成曲线，减小

窑内温差。这种窑的截面宽但有效高度小，一般不需要设搅拌气幕，必要时可用顶部烧嘴向预热带吹热风，以有效减小预热带的上下温差。这种窑可连续进车，一般不设窑门，而是在窑头设两道气幕阻隔。在预热带前部设置若干个分散的排烟口，充分利用烟气热量。一般在冷却带直接冷却（也有直接冷却与间接冷却相结合的），在窑墙两侧，水平交错地布置冷风喷口，高速喷入冷风产生强烈的横向循环气流均匀冷却制品，再从窑顶分散抽出热风，因此冷却带以循环气流为主，纵向气流较少。

（2）隧道窑三带的划分。根据制品在窑内的变化特点，隧道窑分为预热带、烧成带、冷却带三带。三带可按照温度划分或按照窑体结构划分。按照温度划分时，一般从窑头温度到 950 ℃左右为预热带，从 950 ℃到最高烧成温度（包括保温温度）为烧成带，从最高烧成温度到出窑温度为冷却带。对于烧还原焰的隧道窑，则以工艺规定的坯体由氧化转还原的温度（即气氛转换温度，约 1 050 ℃）作为预热带与烧成带的划分界限。按照窑体结构划分时，主要是根据烧嘴的设置情况，设有烧嘴的部分为烧成带，在烧成带前后分别为预热带和冷却带。不过按照这种划分方法，在 900 ℃以下设有高速调温烧嘴的地段仍为预热带。

3. 隧道窑的结构与作用

隧道窑的结构分为窑体结构、预热带结构、烧成带结构、冷却带结构及其他结构（窑车结构及车下冷却结构，本书不介绍）。

（1）窑体结构。窑体由窑墙、窑顶所组成。为了加固窑体，一般设有钢架结构。窑墙的作用是与窑顶、窑车衬砖一起构成窑道。窑道内特别是烧成带的温度很高，窑墙必须能长期经受高温；窑墙支撑窑顶，应能承受一定的负荷；窑墙内外壁温差大，有热量自内壁通过窑墙向外壁散失，窑墙应具有隔热作用。因此，窑墙必须能耐高温和烟气的侵蚀，具有足够的强度，具有良好的保温性能。窑顶除了必须满足窑墙应具备的条件外，还要结构严密、不漏气、坚固耐用、不易下沉塌陷。窑顶有拱顶和平顶两种，传统隧道窑多采用拱顶，现代隧道窑普遍采用平顶。平顶一般有棚板式、吊挂式两种。

（2）预热带结构。隧道窑预热带结构包括窑头结构、排烟系统、搅拌气幕、循环气幕等。

窑头结构包括窑门和封闭气幕。隧道窑预热带一般为负压，设置窑门和封闭气幕是为了防止窑外冷空气漏入窑内，从而减少气体分层，达到减小预热带上下温差的目的。窑门的作用是保证进车时窑内不直接和外界相通。封闭气幕是以气体为帘幕对窑头起封闭作用，从而阻止冷空气漏入窑内。

排烟系统包括排烟孔、垂直支烟道、水平支烟道、主烟道、排烟风机和烟囱。排烟孔通过垂直支烟道与水平支烟道相连。在垂直支烟道上设有排烟支闸，通过其开度来调节预热带的温度制度和压力制度。

搅拌气幕利用热气体以较高的速度自窑顶向窑内喷入，迫使窑内上部热气体向下流动，产生搅动以均匀窑温。

循环气幕是使窑内烟气上下循环流动，均匀窑温的装置。

（3）烧成带结构。隧道窑烧成带的主要结构包括燃烧系统、气氛转换气幕等。

一般在隧道窑 900 ~ 1 000 ℃处开始，一直到最高烧成温度处布置烧嘴（预热带后部也常布置高速调温烧嘴）。布置烧嘴时自低温向高温由稀到密。两侧烧嘴的布置有相对和相错两种方式。在烧成带部位布置高速烧嘴时，窑墙两侧的一般上下两层错开布置，目的是使空气喷入窑内后能带动窑内的气体在断面上旋回前进，从而减小上下温差，使窑内气氛均匀。水平方向的窑墙两侧普遍布置交错排列的烧嘴，使窑内气体产生循环，可使温度、气氛进一步均匀。

对于烧还原焰的隧道窑，烧成带前一小段是氧化气氛，后一大段是还原气氛。为了保证气氛的顺利转换，在气氛转换的 950 ~ 1 050 ℃处设有气氛气幕。气氛气幕从窑顶、窑墙的气幕缝向窑道送入二次空气，以燃尽从还原段流过来的烟气中的 CO 和其他未燃的可燃成分等，从而实现气氛转换。由于气氛气幕处温度较高，因此要求气氛气幕的风温尽可能高些。为了使气氛能均匀转变，风压宜高些，但风量不宜过大，风量过大会降低气氛转换区的温度。通常采用冷却带抽出的热空气作为气氛气幕的风源。

（4）冷却带结构。隧道窑冷却带结构主要包括急冷气幕、热风抽出孔等。

急冷气幕设在冷却带首端，其主要作用是使已烧成的高温制品快速冷却，冷却速度快可以缩短冷却带长度。在高温阶段，如果冷却速度慢将会引起釉面析晶，降低釉的透光度；对于还原焰烧成的制品，还会使其还原生成的 Fe^{2+} 重新被氧化成 Fe^{3+}，导致制品发黄。在 700 ℃以前，制品因存在一定数量的液相而呈塑态，可以急冷。急冷气幕的另一作用是阻止烧成带烟气倒流至冷却带，避免制品出现烟熏缺陷。

鼓入窑道的直接冷却制品的冷风在经热交换后成为热风，必须将其抽出，否则流入烧成带将影响烧成带的温度，而漏入车下又会提高车下温度。热风抽出孔抽出的热风可以送干燥器作为干燥介质，也可以供各气幕使用，还可以送烧成带作为助燃风。热风抽出孔的形状多为矩形，多设于近窑车台面处。各热风抽出孔通过设于窑墙的通道在窑墙上方汇合，并与抽热风机的管道相连。

4. 隧道窑的操作控制

隧道窑的操作主要是通过调整各种阀门的开度来实现温度、气氛、压力的控制，调整时必须全面考虑，使每一次调整尽可能固定大多数因素，而变动少数因素。因为调整后各个因素需要经过一段时间才能达到平衡、产生实际效果，所以每次调整后应在看到实际效果后再进行下一次调整，否则容易导致乱调整，找不到问题的关键，达不到预期效果。注意，每次调整幅度不宜太大，以免各参数剧烈波动。

隧道窑的操作包括温度、气氛和压力的控制，总的来说，压力制度是温度制度和气氛制度的保证。

（1）温度控制。根据制品的原料性质、形状和大小以及入窑含水率等工艺要求制定一条合理的烧成温度曲线，烧成时就按照这条曲线来保证升温、保温和冷却的温度制度。

1）预热带的温度控制。预热带的温度控制是指能保证坯体自入窑起能按升温曲线均匀地加热，通常借助几个起关键性作用的热电偶控制窑头、预热带中部约 500 ℃处以及末端约 900 ℃处的温度保持稳定。如果窑头温度过高，易使入窑含水率较高的坯体炸裂。对于快速烧成的窑，应控制坯体的入窑含水率低于 0.5%，窑头温度可以高达 300 ~ 400 ℃而不出废品。预热带中部约 500 ℃处保持温度稳定是为了保证石英晶型顺利转化，因为这时坯体有体积变化。

另外，在预热带，不仅要控制窑顶的温度，还要控制近窑车台面的温度，使上下温差减小。控制手段主要是通过调节排烟总闸、排烟支闸以及各种气幕来实现。排烟总闸开度大，则预热带负压大，易漏入冷空气，加剧气体分层，增大上下温差；排烟总闸开度小，则抽力不足，排烟量减少，不易升温。排烟支闸的作用是分配各段的烟气，以满足各点的温度要求。如果预热带末端排烟支闸开度大，则大量热烟气过早地排出，热利用效率差，窑头温度低；如果预热带末端排烟支闸不开，则大量热烟气涌向窑头，使窑头温度过高。窑头排烟支闸开度不能过大，以免该处负压过大，从窑门吸入过多冷空气。如果总烟道在墙两侧窑墙上时，则靠近总烟道的排烟支闸也不宜开得太大，以免把热烟气集中在该处，使该处温度过高而引起坯体炸裂。

2）烧成带的温度控制。烧成带的温度控制是指控制实际火焰温度和最高温度点。实际火焰温度应高于制品烧成温度 50 ~ 100 ℃。火焰温度的控制是指调节单位时间内的燃料消耗量和空气配比。如果单位时间燃烧的燃料多且空气配比恰当，则火焰温度高。窑烧油时，控制喷油量和空气配比就可以控制火焰温度，但油温、油压和雾化风压的稳定也很重要。窑烧煤气时，燃烧在窑内进行，烧成带温度较均匀，上下温差不大（一般不超过 50 ℃），烧煤气的无焰烧嘴采用高速喷出烧嘴，能使烧成带温度均匀。

最高温度点一般控制在最末一两对烧嘴之间，使制品在窑内有一定的保温时间。保温时间过长易使制品过烧变形，保温时间不足易使制品欠烧。对于烧还原气氛的窑，其烧成带还要控制气氛转化温度，一般由氧化气氛转化为还原气氛的温度在 1 050 ℃左右，也有些原料需要将转化温度提前，这要通过工艺试验决定。

3）冷却带的温度控制。制品在 700 ℃以前可以急冷，靠急冷气幕喷入的冷风实现急冷。大件制品为了避免冷风喷入不均匀而引起制品炸裂，可抽 200 ℃以下的热空气进行急冷（也可以间接冷却）。窑尾则直接鼓入冷风，使制品由 400 ℃冷却至 80 ℃左右后出窑。自 700 ℃至 400 ℃一段为缓冷阶段，靠分布在该段的热风抽出孔将制品冷却。注意，高温急冷风喷口的位置和风量应根据制品性质、装车情况和推车速度来决定。

（2）气氛控制。控制燃料量和空气配比即可控制气氛。在氧化气氛时空气过量，在还原气氛时空气微不足。可从火焰的颜色进行判断：在氧化气氛时，火焰清晰明亮，可以一望到底，清楚地看到料垛；而在还原气氛时，火焰混浊，不容易看清料垛。烧氧化气氛的窑容易进行气氛控制，只要控制空气过剩系数大于 1 即可（但也不要太大，以节约燃料和提高温度）。烧还原气氛的窑一般用气氛气幕来分隔氧化气氛和还原气氛，在制品进入还原期前，应将其中的有机物完全烧尽，并将硫化物、碳酸盐等充分分解，以免后期产生坯泡。

气氛控制和温度控制密切相关。在氧化气氛时，由于原来空气过多，如果维持燃料不变而减少空气，则火焰温度提高；当减少空气至空气过剩系数接近于 1 时，窑内温度最高；再继续减少空气使空气不足，则窑内温度降低而进入不完全燃烧的还原气氛。相反，在还原气氛时，由于原来空气不足，如果维持燃料不变而增加空气，则由于燃烧更趋完全，火焰温度升高；继续增加空气至理论需要量（空气过剩系数接近于 1）时，燃烧温度最高；如果再增加空气，则温度降低，变为燃料完全燃烧又有过剩空气的氧化气氛。因此，从温度的变化也可以判断气氛的变化。

（3）压力控制。隧道窑内压力控制最重要的工作是控制烧成带两端的压力稳定。如果窑内负压大，漏入的冷空气必然多，一方面温度低、气体分层严重、上下温差大，另一方面烧成带难以维持还原气氛。如果窑内正压过大，则大量热气体向外界冒出，损失热量并恶化劳动条件，同时漏入的冷空气进入车下坑道还会烧毁窑车，造成事故。

四、用辊道窑烧成陶瓷

1. 辊道窑的运行特点

辊道窑的外观如图 6–10 所示。与隧道窑和间歇式窑相比，辊道窑具有以下特点。

图 6–10　辊道窑的外观

（1）可实现快速烧成。辊道窑辊道上下均设置烧嘴，使制品上下同时受热。随着低温快烧技术的不断发展，制品的烧成周期也越来越短。

（2）制品质量高。辊道窑容易实现温度的自动控制，方便调节窑内各处温度，大大提高了制品的质量和合格率。

（3）节能环保。辊道窑不用窑车、匣钵等大量吸热的耐火材料，节约了能源，易实现清洁生产。

（4）易实现自动化生产。辊道窑易实现自动化生产，并能与其他设备组成完整的自动化生产线。

2. 辊道窑的工作系统

辊道窑属于连续性生产的窑，根据制品在窑内进行预热、烧成、冷却的三个过程以及制品温度的不同将其分为三带，即预热带、烧成带、冷却带。通常从窑头室温到 850 ℃左右的一段称为预热带，从 850 ℃左右到制品最高烧成温度（包括保温温度）的一段称为烧成带，从最高烧成温度到出窑温度的一段称为冷却带。辊道窑的工作系统主要包括排烟系统、燃料供应系统、冷却送风系统等。

典型的辊道窑工作系统示意图如图 6-11 所示。

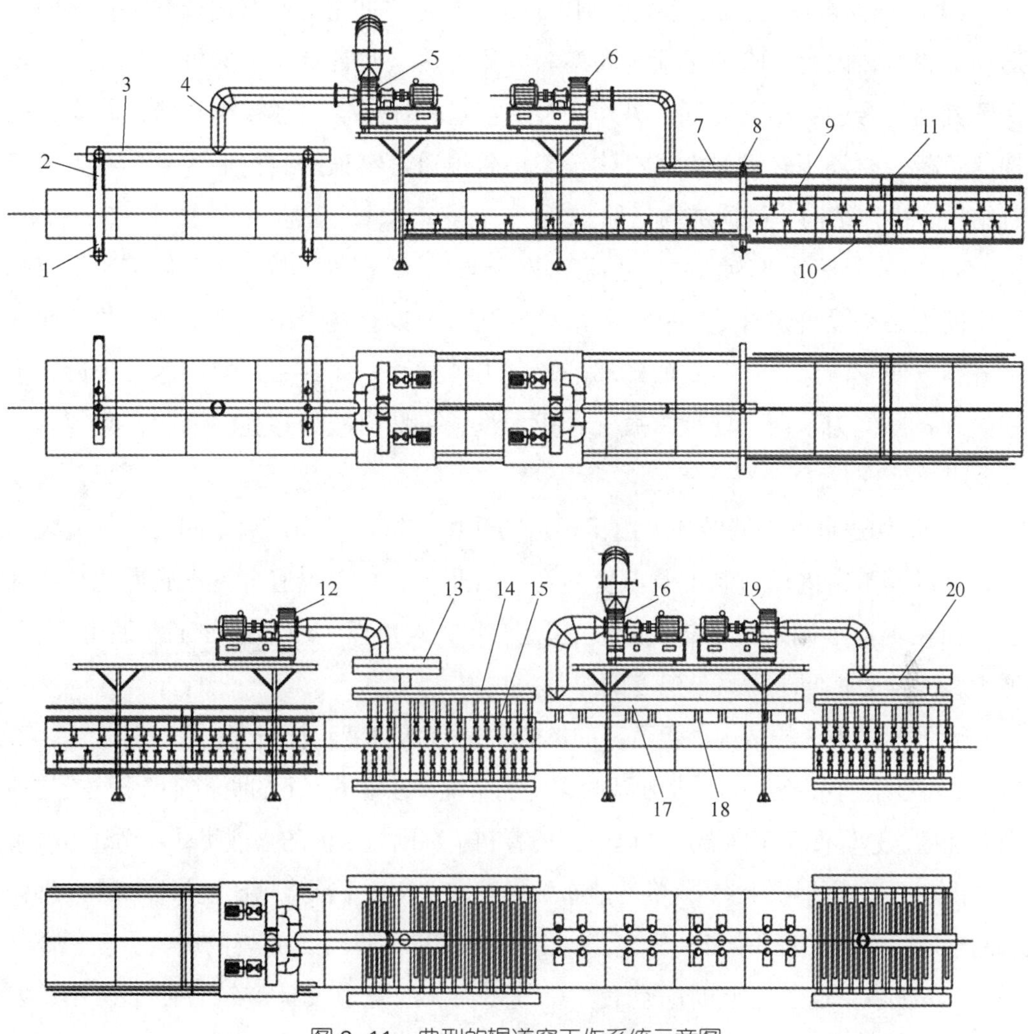

图 6-11 典型的辊道窑工作系统示意图

1—下排烟支管 2—上排烟支管 3—分管 4—排烟总管 5—排烟风机 6—助燃风机 7—助燃空气总管 8—助燃空气分管 9—辊道上助燃空气方管 10—辊道下助燃空气方管 11—液化石油气总管 12—急冷风机 13—急冷总管 14—急冷分管 15—急冷支管 16—缓冷抽热风机 17—缓冷总管 18—缓冷抽热风管 19—快冷风机 20—快冷总管

3. 辊道窑的结构

（1）窑体的结构。辊道窑的窑体结构主要包括窑墙、窑顶、事故处理孔、工作通道的挡墙结构等。

1）窑墙。辊道窑的窑墙必须具备耐高温、有一定机械强度、保温性能好等基本条件。由于辊子要穿过窑墙，为了提高辊子长度的有效利用率，对窑墙厚度有严格的要求。为了增大辊道窑的窑内有效宽度，还应尽量减小窑墙厚度。因此，辊道窑窑墙均采用新型高级轻质耐火材料。

2）窑顶。窑顶支撑在窑墙上，由于处在窑道空间上方，窑内热气有自然向上运动的趋势，因此，除了必须耐高温、少积蓄热量及具有一定的机械强度外，要保证其结构合理、不易漏气。另外，辊道窑是轻体窑，为了减小窑墙或其支撑结构的负荷，要采用轻质耐火材料构筑窑顶。辊道窑窑顶的结构形式主要有大盖板砖结构、拱顶结构、吊顶结构三种。

3）事故处理孔。为了便于处理断辊、卡砖、起摞等事故，在两侧窑墙上每隔一定间距必须设置事故处理孔。事故处理孔一般设在辊道下，且下边缘与窑底面平齐，以便于清除落在窑底的砖坯碎片。为了加强窑体的密封性应尽量少设置事故处理孔，但为了便于处理事故又希望多设置一些事故处理孔，因此，必须合理布置事故处理孔。

4）工作通道的挡墙结构。由于辊道窑属中空窑，工作通道空间大，气流阻力小，难以调节窑内压力制度及温度制度。因此，通常在辊道窑工作通道的某些部位，如在辊道下砌筑挡墙结构，并在辊道上插入挡板，缩小该处工作通道面积，增大气流阻力，便于压力与温度的控制。

（2）燃烧系统的结构。辊道窑的燃烧系统包括烧嘴、管路等。

1）烧嘴。辊道窑一般采用小流量多烧嘴系统，在辊道上下的两侧窑墙上均交错地布置烧嘴，这样便于窑内温度的调节，还有利于窑内热气流的强烈扰动与循环，改善了窑内断面温度的均匀性。烧嘴一般布置得较密，往往下部烧嘴比上部烧嘴多。即使有的辊道窑安装时上下烧嘴一样多，但在实际使用时一般下部点燃的烧嘴多于上部。

2）管路。辊道窑上助燃空气、燃气（油）的管道设计应符合便于操作、安全、阻力损失小、便于施工制作和经济的原则。每条管路都要能单独调节控制。布置管路时注意管线要短、流向要顺，每个烧嘴前的压力要尽可能相等。烧燃气辊道窑的液化石油气总管一般安装在窑顶上方，烧油辊道窑的供油总管一般安装在窑一侧的地面上。助燃空气总管采用方钢管，布置在窑体四角，其一侧与窑侧面平齐，并替代了部分钢板结构，既节约了钢材，又使辊道窑整体结构紧凑。

（3）排烟通风系统的结构

1）排烟系统。辊道窑的燃烧火焰直接进入窑道内辊道上下方的空间，对制品直接进行加热。离窑的废烟气温度较高，一般在 250～300 ℃。为了提高热利用率，一般采用集中排烟方式，即在窑头不远处的窑顶、窑底设置排烟口，烟气自烧成带向预热带流动，至窑头排烟口抽出，经排烟总管、排烟风机抽至烟囱排出室外。排烟口可制成圆形，也可制成矩形。

2）预热带的其他通风结构。辊道窑多采用完全的集中排烟方式，虽然大大提高了热利用率，但是由于缺乏对预热带温度进行调节的手段，有时难以保证制品按需要的烧成曲线升温。为了克服这一缺点，许多辊道窑都在预热带辊道上设置喷风口。

大多数辊道窑在窑头钢板上仅留出一条窄缝进砖坯，也有少数设置窑头封闭气幕的。对于高窑道的辊道窑，则一定要设置窑头封闭气幕。气氛气幕在辊道窑上均不设置，主要是由于全窑处于氧化气氛，不存在气氛转换。

3）冷却带的通风系统。制品在冷却带有晶体成长、转化的过程，冷却出窑是整个烧成过程的最后一个环节。从热交换的角度来看，冷却带实质上是一个余热回收设备，它利用制品在冷却过程中所放出的热量来加热空气，余热风可供干燥或作为助燃风使用，以达到节能目的。辊道窑的冷却带也和传统隧道窑一样，分为急冷段、缓冷段和快冷段。

①急冷段通风系统。从烧成最高温度至 800 ℃，制品由于液相的存在而具有塑性，此时可以进行急冷，最好的办法是直接吹风冷却。辊道窑急冷段应用最广的直接风冷设备是在辊道上下方设置的横贯窑断面的冷风喷管，每根冷风喷管上均匀地开圆形或狭缝式出风口，对着制品均匀地喷冷风，达到急冷效果。

②缓冷段通风系统。制品从 700 ℃冷却到 500 ℃时，是发生冷裂的危险段，应严格控制该段的冷却降温速度。为了达到缓冷目的，一般用热风冷却制品。大多数辊道窑在该段设有 3～6 处抽热风口，使从急冷段与窑尾快冷段过来的热风流经制品，让制品慢速均匀地冷却。缓冷的另一种方式就是间接冷却，常用设备是间壁或换热管。

③快冷段通风系统。当制品冷却至 500 ℃以后，可以进行快速冷却，但是由于制品温度较低，传热温差较小，因此即使允许快冷也不容易达到快冷目的。如果达不到快冷目的而使出窑制品的温度大于 80 ℃，即使制品在窑内没有开裂，也会因出窑温度过高而在出窑后炸裂，故要加强该段的吹风冷却。辊道窑快冷段的吹风冷却形式主要有两种：一种是在辊道上下方设置冷风喷管，类似于急冷段横贯窑断面的冷风喷管；另一种是安装轴流风扇，直接将制品在出窑前吹冷。

4. 辊道窑的操作控制

（1）温度控制

1）预热带的温度控制。预热带的温度控制内容主要是窑头温度、预热带中部（约 500 ℃处）温度及预热带末端（约 900 ℃处）温度。窑头温度过高易使坯体炸裂。预热带末端温度点的位置直接反映了坯体的预热效果，并间接反映了坯体在烧成带的停留时间。预热带中部温度点则是预热带温度控制的最关键位置，若位置太靠前则说明窑头升温过急，易造成坯体开裂；若位置太靠后则说明窑头温度偏低，坯体在预热带后部不得不快速升温，一方面可能在 573 ℃晶型转化处发生坯体炸裂，另一方面使氧化阶段时间减少，容易产生黑心、针孔等缺陷。预热带温度可通过调节排烟总闸、排烟支闸的开度以及安装在预热带处烧嘴的开度来进行控制。

2）烧成带的温度控制。烧成带的温度控制内容主要是最高温度和高温区间长度（即制品在高温阶段停留的时间）。烧成带的最高温度也是成瓷的最高温度，它影响制品的生烧与过烧。高温区间长度影响保温时间的长短，也影响制品的质量。

控制烧成带温度时，应控制燃料与助燃空气的供应量及燃料与空气的混合程度，应控制两侧烧嘴喷出火焰的长度一致，且恰好在窑中央部分交接，以免产生水平温差。如果火焰较长造成中间温度过高，宜开大助燃风机；如果火焰较短，则窑中央温度低，宜减少助燃风量。

3）冷却带的温度控制。冷却带的温度控制内容主要是急冷后（约 800 ℃处）的温度、冷却带中部（约 500 ℃处）温度及出窑前温度。急冷后的温度是判断急冷好坏的依据。在冷却带中部温度点附近，制品发生石英晶型转化，这是制品发生风裂（即急冷裂）的危险区，其前后温度变化应平缓。出窑前温度是判断快冷效果的依据，如果出窑温度过高，出窑后仍可能发生惊裂，同时也不利于后道工序操作。

冷却带温度主要通过调节急冷风量、窑尾快冷风的风压与风量、抽热风的风量进行控制。在急冷区，要注意后段急冷风管的开度比前段稍小，以免制品发生风裂。在缓冷区，主要控制各抽热风口闸阀的开度，使晶型转化段的降温过程平缓，一般抽热风支闸的开度从窑尾至窑头逐渐变小，以保证缓慢降温。窑尾冷风管的开度也是从窑尾至窑头逐渐变小，以保证制品的出窑温度不会太高。

（2）压力控制

1）预热带（包括预干区与预热氧化区）的压力控制。在窑的预干区主要进行水分的排除，坯体的排水速度控制不当会使制品开裂、炸裂，甚至使釉面砖出现针孔、盐霜等缺陷。影响排水速度的是烟气的温度、湿度和流速，而决定这三者的是排烟风机的抽力。因为抽力产生预干区与预热氧化区、烧成区之间的压力差，而压力差越大，负压越大，流速越快，坯体释放的水分越能及时排除，从后段抽来的高温烟气量也越多，所以预干区必须控制好负压。

①负压不可过大。负压过大，坯体干燥太快，容易开裂或炸裂，开裂和炸裂因排烟口的位置、开度以及窑速的不同而有所不同。当出现开裂、炸裂缺陷时，关小排烟总闸开度，减小负压及调节各排烟支闸开度是有一定效果的。

②负压不可过小。负压过小，坯体的干燥时间延长，容易导致水分不能及时排除而使坯体在预热区开裂或炸裂。

2）烧成带的压力控制。若烧成带是负压，则窑容易从窑边（如多孔砖、烧嘴、看火孔等处）吸入冷风而降低窑边的温度，使靠近窑墙的砖坯尺寸偏大，甚至表现出大小头等，对气氛要求严格的坯或釉还易出现水平色差。烧成带（包括高火保温区）吸入冷风，特别是冷却带的冷风，将改变温度制度和气氛制度。急冷对烧成带的影响相当大，不宜控制全窑至负压，因为一旦出现空窑或疏砖，窑内温度波动就很明显，所以烧成带应保持微正压。控制烧成带保持微正压能控制排烟量和各烧嘴的风压、风量。

在烧成带与预热带之间、烧成带与急冷区之间还应设置挡火墙和马弗板。挡火墙的加高和马弗板的放低能有效减少烧成带高温烟气被抽走的量，而且能调节高温烟气的流向、速度，对解决砖坯的尺寸差异、色差等问题都有帮助。

3）冷却带的压力控制。快速冷却使急冷区打入较多冷空气而形成正压。急冷区正压过大，一是影响高火保温区，二是影响制品的冷却质量，很可能会导致坯体风裂。急冷区一般不可为负压，若出现负压现象，则反映抽热风力度或抽烟力度过大，或二者都过大。若烧成区压力大于急冷区，则出现烟气倒流现象，会使制品在冷却过程中出现烟熏缺陷。对于熔块釉面砖，急冷、缓冷的压力制度要求更为严格，否则容易发生釉裂。为了保证制品的冷却质量，急冷区要保持正压；缓冷区前段即 560 ℃以前要保持微正压，后段可加大抽热风力度形成负压。在强冷区常打入大量冷风，以增强冷却效果，降低出窑温度，该区抽热风力度可加大，一般保持为零压左右较好。

培训项目 4
陶瓷烧成缺陷分析

陶瓷生产是一个非常复杂的过程，从配料至烧成，任何一道工序稍有疏忽，则有可能引起缺陷甚至导致坯体报废。这些缺陷有的在烧成之前被发现；有的产生于烧成之前但未被发现，而在烧成中才暴露出来；有的则是由于烧成不当而形成的。由于造成缺陷的原因错综复杂，并且企业生产情况又不尽相同，因此很难做出全面而又普遍适用的解决方案。因此，在遇到缺陷时应该先进行多方面的深入调查，包括生产组织与管理制度等方面，从中分析研究找出原因，然后根据实际情况采取相应的措施，通过调试解决。

一、变形

缺陷特征：变形是陶瓷生产中最常见的缺陷，一般表现为制品口径歪扭不圆，几何形状有不规则的改变。

产生原因：坯料烧成温度范围过窄和烧成控制不当容易引起坯体变形；窑内温度过高，高火保温时间过长，窑内上下温差、水平温差过大，制品受热不均匀等导致坯体产生热应力而变形；器形设计不合理、装坯不当、钵底与垫片收缩率不一致、匣钵本身的高温荷重变形温度较低等都是引起坯体变形的原因。变形的产生原因极为复杂，几乎整个生产过程都会产生变形，以上介绍的是烧成过程中的原因。

解决方法：在烧成过程中应选用合理的窑型，制定适宜的烧成制度并严格执行，控制窑内温差；合理设计器形，采用合理的装坯与装窑方法，采用抗高温荷重软化能力的匣钵与平整的垫片，保证垫片与坯体收缩一致。

二、开裂

缺陷特征：在低温阶段和高温阶段，因升温过快引起的开裂特征为坯与釉同时开裂，断面粗糙但不锋利；在冷却阶段出现的开裂特征为裂纹细小，断口光滑且锋利。

产生原因：上釉后的生坯在搬运过程中因碰撞而产生的微细裂纹在烧成前不易被发现，在高温条件下释放应力，就暴露出裂纹；坯体的入窑含水率过高，升温过急引起坯体内外收缩不均匀，当产生的破坏应力过大时，就发生开裂；高温阶段升温过快，收缩过大，也容易发生开裂；在晶型转化阶段，冷却过快也容易发生开裂；有粘接件的制品因设计不当、粘接不当或粘接泥调制不当而造成开裂。

解决方法：严格执行装坯、装窑操作制度，轻拿轻放，避免生坯碰撞，提高坯体的入窑质量；控制坯体的入窑含水率，严格执行烧成制度，在高温阶段应控制升温速度，特别注意从 750 ℃到 200 ℃的冷却速度不宜过快，应适当减少冷却风量；对于有壶把、壶嘴、杯把等粘接件的制品，其主件的厚薄应均匀，粘接件的大小与粘接位置应恰当，可以在粘接泥中加入 10% ~ 15% 的釉料，使粘接件与主件很好地粘接在一起。

三、起泡（坯泡与釉泡）

缺陷特征：坯泡分为氧化泡（氧化不彻底所造成的坯泡为氧化泡，氧化泡似小米大小，又称小米泡）和还原泡（直径比氧化泡大，又称过火泡），氧化泡的外面有釉层覆盖，用手摸不易破，断面呈灰黑色，多产生在低温阶段，而还原泡的断面发黄，多产生在高温阶段近喷火口的制品；釉泡一般比较细小，鼓在釉层表面，用手摸易破，破后污物积聚后会形成黑色小点。

产生原因：氧化泡产生的原因主要是氧化不彻底，而氧化不彻底的原因包括氧化时窑内温度偏低，氧化气氛不足，预热带温度低使坯体氧化分解的时间变短，窑内气氛控制不当而导致还原气氛过浓，预热带温差过大导致坯体中较多的有机物、碳酸盐、硫酸盐和碳素未能烧清，装窑密度不当使窑内温差加大；还原泡产生的原因主要是还原不足，而还原不足的原因包括烧成温度过高或局部温度过高（超过了坯体的烧成温度范围），还原气氛过淡或过强，还原结束时间过早或过晚；釉泡产生的原因是坯体的入窑含水率过高，窑内水蒸气较多，导致釉的始熔温度较低而杂质未能充分分解，如果同时出现预热带温度低或进车过快的情况，更容易造成釉泡。

解决方法：氧化不彻底的解决方法是适当提高氧化温度，延长氧化保温时间，保持窑内氧化气氛适宜，减少坯料中有机物、碳酸盐、硫酸盐、碳素等杂质的含量，采用适当的装窑密度以缩小窑内温差；还原不足的解决方法是调整还原气氛时间及燃料加入量；避免产生釉泡的方法是严格控制坯体的入窑含水率，适当提高釉的始熔温度，使杂质能在釉层熔化、封闭前充分分解，生成的各种气体能顺利排除。

四、生烧与过烧

缺陷特征：生烧时坯体未达到预定烧成温度，吸水率偏高，釉面光泽度差，粗糙发黄和声音不脆；过烧时坯体软化变形，釉面起泡或出现流釉。

产生原因：坯釉料配方不当、烧成温度偏低、保温时间过短、窑内温差过大等会产生生烧；烧成温度过高、保温时间过长、窑内局部温度超过坯体的烧成温度范围会产生过烧，坯体过烧时 Fe_2O_3 分解会使釉层中出现小而密集的气泡，而釉的熔融温度低、高温黏度低以及釉层太厚则容易在高温时产生流釉。

解决方法：检查并调整坯釉料配方，使之适应烧成制度；严格按照烧成制度控制好烧成温度和保温时间；合理调整装窑密度，改进通风情况，合理缩小窑内温差。

五、阴黄

缺陷特征：制品局部或全部发黄，这是南方瓷的一种常见缺陷。

产生原因：用还原焰烧成时，还原不足是产生阴黄的主要原因，还原起始温度过高、还原阶段的还原气氛过弱、装窑密度偏大及烟囱抽力过大都可能造成还原不足，使坯体中的 Fe_2O_3 未被还原成 FeO 而导致制品发黄；用氧化焰烧成时，坯料中的 Fe_2O_3 含量达到 0.35% 就会使制品呈现黄色；生烧或过烧及 800 ℃以前冷却速度过慢，引起 FeO 重新氧化也会造成阴黄缺陷。

解决方法：严格控制适宜的还原气氛，不可太强也不可太弱，掌握好还原起始温度、装窑密度及烟囱抽力，尽量缩小窑内温差；加强原料的精制和除铁；控制好车下压力，不将冷风吸入窑内而不合时宜地产生氧化气氛，避免 FeO 重新氧化；合理控制冷却速度。

六、烟熏（又称吸烟）

缺陷特征：制品表面局部或全部出现黑色熔斑或黑点，断面通常呈黑色或夹有黑心。

产生原因：烟气严重倒流引起釉面吸烟；坯体氧化不完全，还原过早，还原气氛过强或结束过迟，坯体内的碳素、有机物或低温沉碳未能烧清而被釉层封闭；釉料中钙含量偏高也易引起烟熏。

解决方法：适当增强急冷气幕，提高急冷风机的压力，防止烟气倒流；正确控制还原时间与还原气氛的强弱，适当加大窑内烟气流速，使碳素等充分氧化和排除；釉料配方应适宜。

七、橘釉

缺陷特征：釉面不平呈橘皮状。

产生原因：坯体表面修整得不好，釉层过薄不足以弥补坯体表面不平的缺陷；釉料颗粒粗，未熔透；釉料高温黏度高而流动性差；烧成温度过低，保温时间过短，釉面在高温条件下未能充分流动等。

解决方法：控制原料质量、釉料组成与细度、釉层厚度等；改进釉料配方，提高高温流动性；烧成时升温均匀，烧成温度与保温时间相适宜。

八、釉面针孔（又称棕眼、猪毛孔）

缺陷特征：制品釉面分散着细微小孔。

产生原因：坯料中的有机物、碳素、氧化铁、硫酸盐等杂质含量高；烧成时氧化分解不完全，在高温阶段继续分解，释放的气体逸出釉面而造成小孔，而在还原气氛烧成过程中，未烧清的碳素沉积在釉面上，高温时烧去碳粒就留下小孔；釉料高温黏度高，流动性不好；釉浆太浓，釉层太厚。

解决方法：采用有机物、碳素、氧化铁、硫酸盐等杂质少的原料作为坯料；升温速度要适当，烧成温度、高温保温时间与烧成气氛也要相适宜，在氧化分解阶段，碳素要烧清，避免碳素沉积；采用高温黏度高、流动性好的釉料配方；控制釉浆浓度，釉层厚度适当。

九、惊釉与惊裂

缺陷特征：惊釉的特征是釉面有头发丝般粗细的裂纹，惊裂的特征是坯釉皆裂。

产生原因：坯釉热膨胀系数相差过大，烧成温度过高，冷却制度不合理，釉层过厚等。

解决方法：改进坯釉配方，使坯釉热膨胀系数相适应；合理控制烧成温度；

在从 700 ℃到 400 ℃的冷却阶段，冷却速度不宜太快；釉层均匀，厚薄适当。

十、粘疤

缺陷特征：制品在烧成时与其他物体粘接，烧成后分离时出现残缺现象。

产生原因：坯体施釉时底足去釉未完全，或坯体粘有易熔物，或垫饼未刷隔粘涂料；坯体过烧；匣钵高温变形使坯体倾倒或受到挤压。

解决方法：改进施釉操作，避免坯体过烧，提高匣钵质量。

十一、釉面无光

缺陷特征：制品烧后失去光泽。

产生原因：施釉太薄或施釉时釉料未搅拌均匀；釉料熔点高，烧成温度不够；含 CaO 高的釉料在冷却时有较大的结晶倾向。

解决方法：适当增大釉的浓度或多上几次釉；适当增加釉料中的熔剂原料，降低熔点，或适当提高烧成温度；在冷却初期（从烧成温度降至 800 ℃左右）进行快速冷却，防止釉层析晶。

十二、熔洞

缺陷特征：因易熔物质的熔融而在制品表面产生凹坑。

产生原因：坯料中含有铁质或铁质分布不均匀，烧成后就会出现黑米点（即熔洞）；釉料中含有过多的铁质，烧成过程中还原气氛过强，Fe_2O_3 被还原为金属铁，也会形成熔洞；模型内掉入石膏等易熔物质，烧后就会在制品表面出现熔洞。

解决方法：加强原料的精选，除去原料中的铁质，或使其均匀分布且含量适宜；控制还原气氛适宜；严格检查模型，清除模型中的杂质。

十三、落脏

缺陷特征：制品表面有渣粒。

产生原因：棚板质量差，在高温下涂料掉渣；棚板表面有浮渣、灰尘，装车时棚板放置得不平稳，推车时造成棚板晃动而有浮渣、灰尘掉到坯体上，或装窑时没有轻拿轻放棚板而使部分浮渣、灰尘掉在坯体上，或装坯人员将浮渣、灰尘带到坯体上；装坯时未对坯件表面的渣粒进行吹扫；装坯场地灰尘大、污染严重，灰尘落在坯体上。

解决方法：检查棚板的质量，尤其是喷涂质量；打扫干净棚板表面的浮渣、灰尘；装车、装窑或装坯人员应认真、仔细操作，装坯前要吹扫净坯体表面的灰尘，装坯时手法要轻，棚板要轻拿轻放；注意装坯场地的环境卫生。

思 考 题

1. 陶瓷制品在窑内的烧成过程分为哪几个阶段？
2. 简述坯体在烧成过程中发生的物理变化。
3. 陶瓷的烧成制度包括哪些主要内容？
4. 什么是氧化焰、还原焰、中性焰？如何区分？
5. 陶瓷生产中烧还原焰的作用是什么？
6. 烧成时如何判断窑内是正压还是负压？
7. 烧成制度制定的依据有哪些？
8. 简述间歇式窑和连续式窑的优缺点。
9. 简述隧道窑烧成的工作过程。

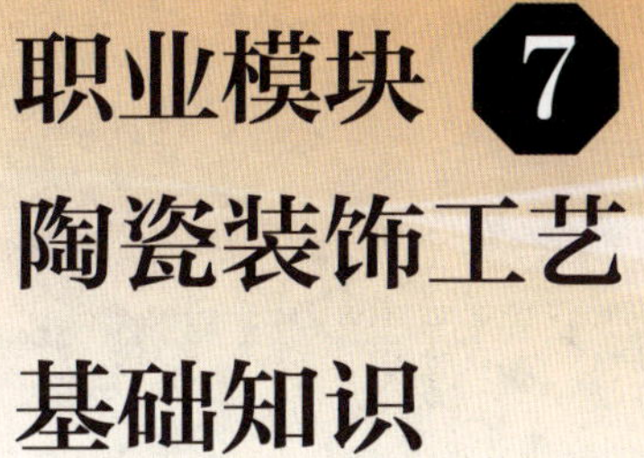

职业模块 7 陶瓷装饰工艺基础知识

熟悉陶瓷颜料的制备工艺。

了解釉上彩、釉下彩、釉中彩的区别。

熟悉颜色釉的制备工艺。

了解结晶釉、无光釉、裂纹釉的相关知识。

培训项目 1 陶瓷颜料

一、陶瓷装饰工艺概述

装饰是对陶瓷制品进行艺术加工的重要手段，它是技术和艺术的统一。对陶瓷制品进行适当的装饰加工，不仅能提高制品的艺术价值，给人带来美的享受，而且能显著改善制品的外观质量，提高其经济价值。陶瓷装饰工艺有很多，它们各有其艺术特色。根据陶瓷制品品种、工艺特点和装饰技法的不同，陶瓷装饰工艺可分为以下几种类型。

彩绘装饰包括釉上彩，如古彩、粉彩、新彩、广彩等釉上手工彩绘，釉上贴花、印花、刷花，以及喷彩、照相装潢、电光彩等；釉下彩，如釉下青花、釉下五彩、釉里红等釉下手工彩绘，以及釉下喷彩、釉下贴花等；釉中彩，如低温釉中彩、中高温釉中彩等。

艺术釉装饰包括颜色釉、花釉、结晶釉、无光釉、裂纹釉、变色釉、荧光釉等。

雕塑装饰包括镂雕、捏雕、堆花、刻花、剔花、浮雕、暗雕、圆雕、塑造等。

综合装饰包括青花玲珑、晶雕堆花、色釉刻瓷、青花斗彩等。

其他装饰工艺包括色坯、化妆土、绞胎、贵金属装饰、喷墨打印、色粒坯、渗花、磨光和抛光、丝网印花、拼花装饰等。

二、陶瓷颜料的呈色

陶瓷颜料是陶瓷装饰材料的重要组成部分，有天然的也有人工合成的，一般在烧成温度下稳定，耐釉熔体的侵蚀，具有一定颜色，属于无机陶瓷装饰材料。

1. 呈色机理

物体对光波的吸收决定了它所呈现的颜色，当光通过任何透明或半透明介质时，它或多或少会被介质吸收。这种吸收通常带有选择性，即不同波长的光被特定介质吸收的程度不同。当光谱中有一部分光波被该介质选择性地吸收后，其余透过部分经散射或反射作用再从物体表面射出，物体呈现透过的部分光波的颜色，即呈现被吸收光波的互补色。陶瓷颜料和其他颜料一样，表现了光的一种特征。不同着色颜料对不同波长光波的反射和吸收程度不同，就呈现不同的颜色。

无色透明的玻璃对可见光波长范围内的光吸收得很少，几乎全部透过，所以不显示任何颜色；反之，如果光被全部吸收，很少透过物体，即呈黑色。

陶瓷颜料的颜色是依靠发色物质细分散于硅酸盐固溶体中产生的。这些发色物质对光有选择性吸收或选择性反射的作用，从而使陶瓷颜料呈现各种颜色。事实上，陶瓷颜料的晶体结构十分复杂，因此表现出极强的颜色敏感性、差异性。

2. 呈色变化

陶瓷颜料的呈色往往受烧成因素的影响，因此变化较大。影响陶瓷颜料呈色变化的因素主要有以下几个方面。

（1）着色剂的含量。着色剂的含量越多，陶瓷颜料的颜色越深。

（2）着色剂的分散度。在一定范围内，着色剂的分散度越高，其着色力越强，但着色剂过细也会因被溶解而影响呈色。

（3）坯、釉或者溶剂的性质。坯、釉的组成及溶剂的选择会对陶瓷颜料的呈色产生影响，这种影响十分复杂。

（4）烧成气氛和烧成温度。金属氧化物在还原焰烧成时常产生低价氧化物，在氧化焰烧成时常产生高价氧化物，其呈色也与之相适应。若用中性焰烧成，则为二者的中间色。

很多着色金属氧化物的呈色也受温度高低的影响。例如，铁在氧化气氛下烧成，在 800 ℃及以下呈鲜赤色或赤褐色，在 800 ℃以上增加黑的色调，至 1 200 ℃左右则变成黑褐色乃至黑色。又如，锑在 1 000 ℃以下与铅共用时为良好的黄色彩料（颜料用于彩绘时需要加入一些溶剂，由此构成彩料），但在 1 100 ℃以上时常褪色。

（5）颜料层或颜色釉层的厚度。颜料层或颜色釉层越厚，其呈色越深。

（6）燃料的品质。燃料中水分过多或硫分过多都将影响呈色。

陶瓷颜料的呈色是一个非常复杂的高温化学反应过程，首先必须掌握基本原理，其次要在实践中不断探索、积累经验。

三、陶瓷颜料的性质

1. 着色力

陶瓷颜料的着色力即着色强度，是指使其他物质呈现颜色的强度。陶瓷颜料的着色力不仅取决于其性质，而且决定于原料的细度和混合程度、煅烧温度等。一般而言，陶瓷颜料的分散度越高，其着色力越强。

2. 遮盖力

陶瓷颜料的遮盖力是指能遮盖颜料层下方的底色，使底色不能再透过颜料层呈现其本色的能力。如果颜料层的折光率等于连接料的折光率，颜料层就呈透明状，这种颜料称为透明颜料。

3. 分散度

陶瓷颜料的分散度是指颜料颗粒的大小。在一定范围内，陶瓷颜料的分散度越高，其遮盖力就越强。

4. 稳定性

陶瓷颜料的稳定性主要包括化学稳定性和高温稳定性。化学稳定性是指陶瓷颜料抵抗化学物质侵蚀的能力，即耐酸碱盐侵蚀的能力。高温稳定性是指陶瓷颜料在高温下的稳定能力。例如，釉上彩的烧成温度往往较低，不耐高温。

四、陶瓷颜料的种类

陶瓷颜料按照物理状态可以分为固体陶瓷颜料和液体陶瓷颜料。固体陶瓷颜料主要包括釉上彩颜料、釉中彩颜料和釉下彩颜料。液体陶瓷颜料主要是指金水、电光水等。

1. 固体陶瓷颜料

固体陶瓷颜料呈粉状，主要是以某种晶型为载色母体的人工合成矿物，如图 7–1 所示。固体陶瓷颜料可以直接用于配制颜色釉或色泥，用于陶瓷装饰。

图 7–1　固体陶瓷颜料

固体陶瓷颜料按照使用温度一般分为低温型颜料（≤1 000 ℃）和高温型颜料（>1 000 ℃）两类。固体陶瓷颜料按照矿物类型大致分为简单化合物型、固溶体单一氧化物型、尖晶石型、钙钛矿型和硅酸盐型，见表 7–1。

表 7–1　固体陶瓷颜料按照矿物类型分类

固体陶瓷颜料类型		固体陶瓷颜料举例
简单化合物型	氧化物和氢氧化物	Fe_2O_3、Cr_2O_3、CuO、Cu（OH）$_2$、CoO
	碳酸盐和硝酸盐	$MnCO_3$、$CoCO_3$、Co（NO_3）$_2$ · $6H_2O$
	铬酸盐	铬酸铅红、铬酸锶黄
	铀酸盐	西红柿红
	锑酸盐	拿波尔黄
	硫化物	镉黄、镉硒红

续表

固体陶瓷颜料类型		固体陶瓷颜料举例
固溶体单一氧化物型	刚玉型	铬绿、铬铝红
	金红石型	铬钛黄、铬锡紫
尖晶石型	完全尖晶石型	钴青
	不完全尖晶石型	钴蓝
	类尖晶石型	锌钛黄
	复合尖晶石型	孔雀蓝
钙钛矿型	灰锡石型	铬锡红
	灰钛石型	钒钛黄
硅酸盐型	榍石型	铬钛茶
	锆英石型	钒锆蓝

2. 液体陶瓷颜料

（1）金水（见图 7–2）。在高档餐具的口沿、把手、圈足上，有时会用平滑光亮的金黄色薄膜进行装饰，使其呈现富丽堂皇、金碧辉煌的装饰效果，如图 7–3 所示。

图 7–2 金水

图 7–3 用金水装饰的高档餐具

不同品种的金水可采用涂刷、描绘、印花等方式施于陶瓷釉面上，在 750 ~ 850 ℃的温度下彩烧，使其所含的其他辅助料挥发成气体逸出，只剩下光亮的金黄色物质覆盖在陶瓷表面，呈现极薄的金属质感，使陶瓷表面发出黄金般的光泽。

（2）电光水。将电光水涂敷于陶瓷釉面上，然后在 700 ~ 850 ℃的温度下彩烧，就会在釉层表面沉积一层薄膜，这种薄膜会发出如金属、珍珠或月光般的光彩，非常美丽。

电光水是装饰日用陶瓷制品的一种特殊液体颜料，它是将树脂酸盐（即各种金属的盐类）混于一种树脂中制成金属皂，然后再溶解在一些油类（如松节油、樟脑油）中制成的。电光水的发色原理是彩烧时其中的树脂酸盐分解，最后留存极细的金属氧化物于釉面上，使釉面上的氧化物呈现特殊光彩。

五、固体陶瓷颜料的制备

1. 原料的准备

纯度高的固体陶瓷颜料天然存在的较少，通常多是人工合成的。合成时所用的原料一般有母体原料、着色剂原料和矿化剂原料，有时还用到一些辅助原料。

母体原料是指组成载色母体的物质，通常使用无色氧化物、盐类或固溶体，如 SiO_2、ZrO_2、Al_2O_3、CaO 等。

着色剂原料是指使载色母体着色的物质，主要是过渡金属元素的化合物、贵金属化合物和部分稀土元素化合物。载色母体对着色剂有固溶、吸附、包裹等作用，从而呈现各种颜色。

矿化剂原料是指加速颜料的合成，降低颜料合成温度的物质，如碱性氧化物、碱盐、硼酸、氟化物、钼酸铵或钼酸钠等。

辅助原料的作用是在颜料生产过程中促使某些原料分解、氧化或者还原，促使杂质溶解而使颜料净化，一般为盐酸、硫酸和硝酸以及氨水、氢氧化钠。

2. 原料的加工处理

固体陶瓷颜料所用原料的加工处理要求是颜料制品的种类、生产方法与质量要求决定的，最重要的质量指标是物料细度和化学组成。下面主要介绍固体陶瓷颜料的物料细度要求。

母体原料和矿化剂原料的细度要求在 200 ~ 400 目。一般对着色剂原料的细度要求稍高，因为细度越细，固相反应越充分，越有利于色调的均匀一致，通常控制在 250 ~ 400 目。

3. 配料与混合

为了保证颜料制品质量稳定，使每个批次的显色相同，必须严格按照配方将质量合格的各种原料进行准确称量、充分混合。常用的混合方法分为干法和湿法。

干法混合是指将配好的原料放入干式混合机中混合。这种方法主要针对原料中有可溶物的情况，该方法对原料的细度要求较高，最好是 99% 的原料通过 400 目筛（孔径 37.5 μm）。

湿法混合是指将配好的原料放入球磨机或者搅拌磨中，加水湿磨的同时混合，再干燥、过筛。湿法混合的优点是可以继续磨细物料，所以对原料的细度要求不高，而且混合均匀；缺点是混合后还要进行干燥和过筛，工序比较复杂。这种方法要求原料中没有可溶物。

4. 煅烧

煅烧是指将按一定配方进行配料并均匀混合、干燥后的生料装入耐火匣钵中，经煅烧后形成稳定的着色矿物。煅烧是制备固体陶瓷颜料的重要工序，其目的是使之稳定化。在煅烧过程中，原料性质和希望得到的颜料不同，发生的反应也不同。最低煅烧温度一般要和颜料制品的使用温度相同。

5. 煅烧后的加工处理

对煅烧后的颜料半成品还要进行加工处理，包括磨细、洗涤、脱水、干燥、粉化过筛、配色、包装等。煅烧后的颜料半成品必须磨细，以达到细度要求。每种颜料制品都有其最佳呈色细度范围，一般平均粒径在 3 ~ 10 μm。颜料制品粒径太大，发色力弱，且发色不均匀，缺乏遮盖力致使烧成后呈斑点状；颜料制品粒径太小，发色力也会下降，且不能充分融合于釉中而发生滚釉现象。

六、彩绘颜料

彩绘颜料分釉上彩颜料、釉下彩颜料和釉中彩颜料。

1. 釉上彩颜料

釉上彩颜料是由色基与熔剂配制而成的，其熔融温度较低，主要用于釉上彩装饰。常用的釉上彩颜料有釉上平印颜料（即新彩颜料）、丝印颜料以及粉彩颜料、古彩颜料和广彩颜料。釉上彩颜料涂覆于瓷釉上，在 780 ~ 850 ℃条件下烤烧后发色，附着在瓷釉上不易脱落。为了保证彩瓷质量，要求釉上彩颜料经烤烧后，其色调和光泽度应与标准样品基本一致，且经酸碱处理后色调和光泽度亦无明显变化。釉上彩颜料的热膨胀性必须与釉的热膨胀性接近。

釉上彩颜料的色基不能在低温下熔融，必须混加适当的熔剂。熔剂是一种熔融温度较低的无色玻璃质，它是色层与釉面的结合物，对颜料的发色力和抵抗酸碱盐侵蚀的能力有很大影响。熔剂的主要成分与玻璃相似，常用的熔剂有碱金属硅酸盐玻璃、硼酸盐玻璃或硼硅酸铅玻璃，主要原料有铅丹、石英、硼酸、硼砂等。釉上彩颜料呈色浓淡及彩烧温度高低与色基、熔剂二者的配比有关。一般色基与熔剂的加入比例是 1∶9。注意，丝印颜料中熔剂所占比例比平印颜料中的高，配制时可通过试验确定最佳配比。

2. 釉下彩颜料

釉下彩颜料主要包括釉下青花颜料和釉下五彩颜料，多用于在 1 300 ℃以上由还原焰烧成的陶瓷制品的装饰，也可用于在 1 250 ℃以下烧成的精陶制品的装饰，要求其具有良好的高温稳定性和较小的气氛敏感性。目前，常用的釉下彩颜料主要是尖晶石型、刚玉型、硅酸盐型等在高温条件下呈色稳定的颜料。

釉下青花颜料早期是以云南、浙江、江西等地产出的天然含钴矿物（钴含量为 2% ~ 9%）作为颜料的，其中以云南所产的珠明料为最好。现在多以含钴的氧化物或盐类为着色剂，人工合成釉下青花颜料。

釉下五彩颜料的基本色系有红色（锰红、桃红、金红等）、黄色（锌钛黄、镨黄、钒锆黄等）、绿色（草绿、青松绿等）、蓝色（海碧蓝、钒锆蓝等）、茶色、白色和黑色（艳黑、鲜黑等）。使用时除用基本色系的颜料外，为了满足装饰需要，还可以将两种以上的基色颜料按一定比例混合调制成多种复色颜料。调制复色颜料时常加入一些填料，以提高颜料亮度，增强颜料的高温稳定性及其与瓷坯的结合性。这些填料主要是釉料、石英粉及某些白色颜料。配制复色颜料是一项复杂的探索性工作，往往需要反复多次试烧及配方调整才能得到理想的复色颜料。

3. 釉中彩颜料

釉中彩颜料是指由色基和熔剂配制而成，彩饰于瓷釉表面，在接近釉烧温度的中高温条件下再经彩烧的一种新型颜料，又称中高温快烧颜料。彩烧后釉中彩颜料渗沉并融合于釉层中，在釉层中的渗沉深度为 60 ~ 120 μm。

在彩烧过程中，釉中彩颜料应能在中高温条件下迅速完成物理和化学变化，并渗沉入釉层中。

釉中彩颜料的色基应具有良好的稳定性，不易与熔剂及釉料发生反应而影响其呈色效果。

培训项目 2 陶瓷彩绘

陶瓷彩绘是重要的陶瓷装饰工艺。根据陶瓷彩绘和釉层的位置关系，陶瓷彩绘分为釉上彩、釉下彩和釉中彩。其中，釉中彩与釉上彩的新彩相仿，不同点在于烤烧温度不同，釉中彩的烤烧温度相对较高。

一、釉上彩

釉上彩是指用釉上彩颜料或花纸在陶瓷制品釉面进行彩饰，然后在较低温度条件下（600～900 ℃）进行烤烧的装饰工艺。釉上彩的优点是操作方便、生产效率较高、生产成本较低，且由于彩烧温度较低，可供装饰的釉上彩颜料品种多，画面色调丰富；其缺点是彩料在釉层表面，画面容易磨损，尤其是受到酸侵蚀时容易造成有害物质铅、镉的溶出。

1. 常见的釉上彩

（1）釉上手工彩绘。釉上手工彩绘靠手工操作完成，产量不大，成本较高，不便于现代化生产。常用的釉上手工彩绘是古彩、粉彩、新彩和广彩，这几种彩绘方法在画面效果和具体操作上有所不同。

1）古彩。古彩是我国最早的传统陶瓷彩绘工艺之一，因其烤烧温度较高，故又称硬彩。古彩颜料品种较少，因而色调的变化较少。古彩所用的瓷胎分为石胎（即素烧坯）和釉胎两种。古三彩一般多用石胎，彩绘时不仅要用黄、绿、紫三种颜色的颜料遮盖坯体底色，而且要在画面上的花纹中填满各种发亮的颜料，所以古三彩经烤烧后像画在釉胎上一样，画面明亮而有光泽。其他古彩则用釉胎彩绘，露出底色，其表现技法是单线平涂，特点是富于民间艺术风格、颜色鲜明、对比强烈。

2）粉彩。粉彩是从古彩发展而来的，但风格大有不同，用色要比古彩丰富得多，其画面柔和，颜色有深浅明暗之分，比古彩更为绚丽多彩。在表现技法上，从单线勾勒平填五彩，发展到综合洗染、点染、罩色、接色等多种技法；在绘画风格上，其构图布局和笔法都具有传统中国画的特征；在艺术效果上，具有秀美、俊雅、持重朴实而又富丽堂皇的特点。凡中国绘画中常用画法如工笔或写意所表现出的效果，粉彩都可以达到。粉彩既适合高档艺术陶瓷制品的装饰，也适合一般日用陶瓷制品的装饰。

3）新彩。新彩起源于国外，又称洋彩。在日用陶瓷制品的彩绘中，新彩占比极大。这是因为与古彩、粉彩等相比，新彩不需要勾线、填色等复杂工序，操作简便，且烧前烧后色泽变化不大，容易掌握，同时生产效率较高，成本较低，颜色种类极为丰富，在日用陶瓷厂家已普遍采用。新彩运用国画的基本技法，同时吸收水彩画的艺术特色，以花卉为主要题材，同时也可描绘山水、人物。

4）广彩。广彩是广州地区釉上彩工艺的简称，主要指烧制织金彩瓷时采用的低温釉上彩装饰技法，即在各种白瓷器皿上进行彩绘。广彩以构图紧凑、色彩浓艳为特色，犹如万缕金丝织白玉。始于明代的广州三彩到清代发展为五彩，并在乾隆年间逐步形成独特的艺术风格。

（2）釉上贴花。釉上贴花生产效率高、操作简便，适用于大批量生产和机械化流水作业，在日用陶瓷厂家已普遍采用。目前，釉上贴花工艺多采用塑料薄膜花纸，操作时利用粘贴剂对塑料薄膜花纸的溶解软化作用，使其黏附在瓷釉表面。塑料薄膜花纸被软化后有利于刮平、刮实，不留气泡。粘贴塑料薄膜花纸时必须正贴，即花面向外贴。粘贴剂通常采用酒精稀溶液，酒精与水的比例在冬季为 $1:a$（a 为 0.5 ~ 1），在夏季、秋季为 $1:b$（b 为 2.5 ~ 4）；也可以直接采用清水。采用小膜花纸时，可将陶瓷先放在热水中浸泡，再用清水贴花。

（3）喷彩。喷彩又称喷花，操作时会用到镂空模板、喷枪（或喷笔）和压缩空气。镂空模板用金属薄片、塑料薄片等刻成，操作时将镂空模板紧贴在制品上，将混有松节油与树脂的颜料装入喷枪（或喷笔），利用压缩空气将其喷成雾状后上色。如果要喷两种以上的颜色，可用几块镂空模板套色，颜色的深浅可利用喷色时间及喷枪与釉面的距离来进行调节。

由于喷彩装饰属于釉上彩装饰，且所使用的陶瓷颜料多为低温颜料，因此画面存在铅、镉的溶出问题。在操作过程中，低温颜料中的有毒重金属铅、镉对操作者的身体有一定危害，因此操作者应佩戴好劳保用品。

2. 釉上彩的烤烧

釉上彩要在专用的窑中烤烧以得到彩瓷。现代的彩烧窑多为辊道窑，它具有热利用率高、烧成周期短、温度均匀、窑内通风好、制品质量高、铅镉溶出量较低等优点。

在烤烧过程中，应根据窑结构确定合理的码装方法和密度，以及适当的烤烧温度和升温速度，采用氧化气氛彩烧并保证窑内的排气和通风。就目前常用的辊道窑来说，在 500 ℃以下，为了保证颜料中油质、水分及载花膜质的充分分解和挥发，这一段升温应稍慢并加强通风；在 500 ~ 700 ℃阶段，釉上彩颜料熔剂中某些组分要分解、挥发（如 Pb_3O_4 等），故升温应稍快，但也应加强通风；在 700 ~ 850 ℃阶段，应以较慢的速度升温，以保证熔剂的充分熔融；在制品不龟裂、色面不炸裂的情况下，应尽可能加快冷却过程，防止析晶，以得到呈色好且光亮的画面。烤烧温度应根据所用花纸及颜料的类型来确定。一般平印花纸的烤烧温度为 780 ~ 830 ℃，丝印花纸及粉彩的烤烧温度为 800 ~ 850 ℃。

烤烧后制品常见的缺陷有颜色不正、画面或线条残缺、颜色脏等，这些缺陷的产生主要与颜料和花纸的质量、彩绘和贴花的操作、彩瓷制品的存放和码装方法、彩烧工艺制度等因素有关。

二、釉下彩

釉下彩是指先用釉下彩颜料在青坯、釉坯、素烧坯的表面进行彩饰，再覆盖一层透明釉，然后经高温烤烧的装饰工艺。

釉下彩最主要的特点是画面在透明釉层之下，耐磨损，耐酸碱盐侵蚀，且无有毒物质溶出。另外，釉下彩因有一层透明釉层覆盖其上，且由高温烧成，颜料能充分渗透于坯釉之中，因而画面颜色幽雅、表面光滑、永不褪色。

1. 常见的釉下彩

（1）釉下手工彩绘。传统的釉下手工彩绘主要包括釉下青花、釉下五彩、釉里红三种，这是根据颜料化学成分来进行分类的。

1）釉下青花。釉下青花是景德镇具有代表性的装饰工艺，以含钴的蓝色颜料作为单一原料，其特点是明快清晰、雅致大方，是我国传统的釉下手工彩绘工艺之一。

2）釉下五彩。釉下五彩又称窑彩、釉下多彩，过去都采用“素烧坯彩绘”或“泥坯彩绘”。其中，“素烧坯彩绘”的工艺流程是将坯体先经 700 ~ 800 ℃低温素烧，然后在素烧坯上进行彩绘，再低温烤烧一次以除去画面中的墨线及调色用有机物，最后施以无色透明釉入窑高温烧制。

釉下五彩的颜料均由金属氧化物和矿物原料配制而成，颜色主要有红、黑、蓝、白、黄。

3）釉里红。釉里红是先用铜红料在陶瓷的坯胎上描绘纹饰，然后罩上一层透明釉，之后在还原焰中一次烧成。传统的釉里红娇嫩而又深沉，纹饰线条精致而清晰。在烧成过程中，铜着色剂中的 Cu^{2+} 被还原成 Cu^{+}，因此釉面呈现漂亮的铜红色。釉里红可以单独使用，也可以与釉下青花结合使用，此时称为“青花釉里红”。由于铜红料在烧成过程中稳定性较差，因此釉里红的烧制比较困难。

（2）釉下贴花。根据坯体形状不同或是否素烧，釉下贴花分为灌水贴花与涂水贴花两种方法。

灌水贴花多用于碗、盘、碟等素烧坯体的内表面装饰。操作时把剪好的花纸置于坯体的装饰部位，用排笔饱蘸清水，灌于花纸与坯面之间，然后用排笔将花纸刷平刷紧，稍干即可揭下表面的皮纸。

涂水贴花多用于垂面或坡度大的表面，以及干坯的贴花装饰。贴花时先用毛笔蘸水在坯体上需要贴花的部位涂刷，待坯体润湿后再把花纸贴上，并用毛笔蘸水在花纸上轻轻揩刷，待花纸与坯面贴合严实，再缓慢地揭下皮纸。

2. 影响釉下彩的工艺因素

由于釉下彩画面是与釉坯一同在高温条件下烧制的，因而一些工艺因素对釉下彩的呈色效果有一定影响，其中釉料性能和烧成工艺对呈色的影响较大。

（1）釉料性能对呈色的影响。釉下彩瓷均采用透明釉，要求釉料在烧成过程中对彩料的侵蚀性小，对装饰面尽量不产生不良影响。试验结果表明，随着釉始熔温度和高温黏度的降低，装饰效果会变差。因为高温黏度较低的釉流动性较大，在烧成温度稍高时，彩料容易随着釉的流动而扩散，造成画面色块模糊不清。

（2）烧成工艺对呈色的影响。烧成工艺制度对釉下彩的装饰效果至关重要。应注意摸索窑内各部位的呈色规律，按照窑内温度差选择坯体的码放位置（俗称“火位”），以保证色调一致，易于配套。

釉下彩一般采用还原焰烧成，气氛过浓往往使画面的光泽度降低。焰性的强弱必须考虑不同颜色的呈色需要，如以 V_2O_5 为着色剂的黑色颜料只有在一定浓度的还原介质条件下才能由高价钒变为低价钒（生成 V_2O_3）而呈鲜亮的黑色。另外，在不影响制品烧成质量的前提下，升温尽可能快些，高火保温时间应尽量缩短，止火温度不宜过高。

三、釉中彩

釉中彩一般是先在带釉的白瓷上进行彩饰，然后采用快烧窑进行彩烧。烧成温度取决于瓷釉的熔融温度。骨质瓷用低温釉，其釉中彩的彩烧温度为 1 100 ~ 1 150 ℃；长石质瓷或绢云母质瓷用高温釉，其釉中彩的彩烧温度为 1 200 ~ 1 250 ℃。

在釉中彩的烧成过程中，釉层软化熔融，釉中彩颜料渗透并沉入釉层中，能形成近似于釉下彩的装饰效果。与釉下彩相比，釉中彩的颜色更丰富，呈色也更稳定；与釉上彩相比，釉中彩画面的耐化学侵蚀性和耐磨性都更好。釉中彩已成为高档陶瓷餐具装饰的一个重要方向，在日用陶瓷制品的装饰中也颇为流行，但一般更适合低温釉陶瓷制品的装饰。

培训项目 3 陶瓷艺术釉

陶瓷艺术釉的种类复杂，一般按照釉的组成和类别、外观特征、制造工艺等进行分类。任何分类方法都取决于分类者的观点，如釉料制备人员习惯按照釉的组成和工艺方法分类，而艺术工作者常按照釉的外观特征进行分类。陶瓷艺术釉的常见种类见表 7–2。

表 7–2　陶瓷艺术釉的常见种类

名称	釉的组成	外观特征
颜色釉	窑变釉、色泥、化妆土、混合花釉、熔块釉	钧红、郎窑红等呈多种颜色，大理石釉、花网釉等呈多种形状
结晶釉	硅酸锌矿结晶釉、锌钛矿结晶釉、铁钛矿结晶釉等	有个别单一晶体，还有呈现星形、晶簇、花条、花网、冰花、球形等各种形状和不同颜色的晶体
金属釉	生料釉、熔块釉、铁锰镍铜等的氧化物	如金属般光亮，有金碧辉煌、闪闪发光的金属质感
无光釉	生料釉、熔块釉	表面无色或有色，无光或亚光，有仿古特色
裂纹釉	石灰石釉、长石釉、玻璃釉、熔块釉	表面无色或有色，呈现冰裂纹、蟹爪纹、牛毛纹、色裂纹、鳝鱼纹等
变色釉	熔块釉、稀土氧化物	制品釉面在不同光源照射下能呈现不同特色的颜色

一、颜色釉

颜色釉是指在釉中加入适量的着色剂，经一定温度烧成后所呈现的彩色陶瓷釉面，又称色釉。通过五彩缤纷的颜色釉装饰陶瓷制品，可充分体现釉的装饰功能，提高陶瓷制品的艺术价值。

颜色釉按照烧成温度可分为高温颜色釉（烧成温度在 1 250 ℃以上）、中温颜色釉（烧成温度在 1 050 ~ 1 250 ℃）和低温颜色釉（烧成温度在 1 050 ℃以下）。颜色釉按照色调主要划分为青釉、蓝釉、红釉、绿釉、紫釉、黄釉、黑釉等。

1. 颜色釉的配釉方法

颜色釉是用着色剂原料和能够与其相适应的基础釉按一定配比配制而成的，其配釉方法主要有以下几种。

（1）基础釉加含有着色金属氧化物的天然矿物。这是我国传统的配釉方法，如龙泉青瓷釉就是用含 Fe_2O_3 的紫金土配釉，采用还原气氛烧成的颜色釉。

（2）基础釉加着色化工原料。例如，将 CuO 加入釉料中，在还原气氛下制得铜红釉或在氧化气氛下制得铜绿釉；将 Cr_2O_3 加入釉料中制得铬绿釉。

（3）基础釉加事先制备的陶瓷颜料。这是目前最常用的一种颜色釉配釉方法。制得的颜色釉呈色稳定，便于配套，还便于调配出中间色调。例如，将配制好的锆黄色基加入釉中，可得到呈黄色的颜色釉；将制备好的钒锆蓝色基加入釉中，可制得呈蓝色的颜色釉。若将上述两种色基按适当配比加入釉中，即可制得介于蓝色和黄色之间的颜色釉。

（4）基础釉加陶瓷颜料作为着色剂，再加入某些辅助原料配釉。在这一类颜色釉中，辅助原料一般不参与发色，但是能够影响呈色效果。

（5）当基础釉为熔块釉时，用熔块釉加事先制备好的着色剂配釉。这种方法多用于配制低温颜色釉或中温颜色釉，如釉面砖的颜色釉就是采用这种方法配制的。

2. 颜色釉的制备工艺

颜色釉的制备工艺流程与陶瓷白釉大体相同，但在配方设计及制备工艺控制方面有一定特点。

（1）基础釉与着色剂的选择。选择适当的着色剂及与其相适应的基础釉是配制颜色釉的关键。在高温条件下稳定的着色剂可用高温釉作为基础釉配制颜色釉，而在低温条件下烧成的着色剂（如锑黄、锡黄等）只能与低温釉结合配制颜色釉。基础釉中碱金属和碱土金属的含量对着色剂的呈色影响较大，如钴蓝着色剂在石灰釉中呈现天蓝色，而在镁质釉或含 MgO 较多的釉中则趋于呈紫蓝色（俗称“宝石蓝”）。用 Fe_2O_3 作为着色剂配制豆青釉，或用 CuO 作为着色剂配制铜红釉，均适合采用石灰釉作为基础釉。几种常用着色剂与不同基础釉的适应情况见表 7–3。

表 7–3　几种常用着色剂与不同基础釉的适应情况

呈色	着色剂	还原焰	氧化焰				
		石灰釉	石灰釉	锌釉	铅硼釉	铅釉	长石釉
淡红	锰红	○	○	○	○	○	○
	铬锡红	×	○	×	○	○	○
	铬铅红	×	×	○	○	○	○
橙黄	锑黄	×	×	×	○	○	○
	钒锆黄	×	○	○	○	○	○
	钒锡黄	×	○	○	○	○	○
茶	铬铁锌茶	○	○	○	○	○	×
	铬钛茶	×	○	×	○	○	○
紫	铬锡紫	×	○	○	○	○	○
绿	铬绿	○	○	×	○	○	○
蓝绿	钴蓝	○	○	○	○	○	○
	钒锆蓝	×	○	○	○	○	○
黑	铁铬黑	○	○	○	○	○	○
	铁铬钴黑	○	○	○	○	○	○
灰	锑锡灰	○	○	○	○	○	○

注：× 表示不适应，○表示适应。

（2）着色剂的加入量。根据着色剂的发色能力及所需的呈色深浅程度来决定着色剂的加入量，一般加入量为 4% ~ 10%。某些着色剂发色能力很强，加入量可在 4% 以下，如配制铜红釉时以 CuO 作为着色剂，加入量仅 0.2% ~ 0.5% 即可；而一些着色剂发色能力稍弱，加入量也可在 10% 以上，如用锰红着色剂与长石釉配制高温锰桃红色釉时，锰红着色剂的加入量可为 15% ~ 20%。

（3）颜色釉坯体的选择。生产颜色釉制品时一般采用当地原料制坯，所以应考虑坯釉的适应性。生产某些具有地方特色的颜色釉制品时，往往对坯体有一些特殊要求。例如，浙江龙泉窑青釉瓷要求坯料中含有 3% ~ 4% 的 Fe_2O_3，以便烧成时制品口部釉层薄、可流动，形成“紫口铁足”的艺术特征。

（4）釉料的细粉碎与混合。通常用球磨机进行釉料的细粉碎，可以先将基础釉及着色剂分别细碎后再混磨；也可以先将基础釉球磨到一定细度，再加入着色剂混磨至规定细度。一般单色颜色釉的细度为万孔筛筛余 0.05% ~ 0.2%。釉料的细度影响釉中各组分的分布均匀性、釉浆的悬浮稳定性及釉的成熟温度，进而影响颜色釉的呈色。

（5）施釉。颜色釉制品可在干坯、素烧坯或瓷胎上施釉。在无釉或有白釉的瓷胎上喷施低温颜色釉时，应首先对瓷胎加热（不低于 110 ℃），以防釉料流淌，同时使釉层尽快干燥。

颜色釉的釉层一般较厚，单色釉的釉层厚度为 0.4 ~ 1 mm，这样可增加釉的色度并克服坯体颜色对釉呈色的不利影响。施釉时要严格控制釉浆的相对密度，使釉浆处于良好的悬浮稳定状态，有利于釉呈色均匀。釉浆的相对密度一般如下：浸釉所用的釉浆在 1.35 ~ 1.5，喷釉所用的釉浆在 1.3 ~ 1.35，淋釉所用的釉浆在 1.5 左右。

（6）烧成。烧制颜色釉时必须根据釉料组成及釉色要求确定适当的窑位。装窑时不能把不同性质的坯体混装在同一匣钵内，防止由于着色成分的挥发而影响其他制品釉面的呈色。

烧成气氛是影响颜色釉质量的重要因素。同一着色剂在不同气氛下烧成会呈现完全不同的色调。铜红釉和以 Fe_2O_3 为着色剂的青釉都必须在还原气氛下烧成；而以钒锡黄为着色剂配制的釉，只有在氧化气氛下烧成才能呈现黄色。

烧成温度制度与釉的组成及制品规格、形状有关。对于含有挥发性组分的颜色釉，烧成温度不宜过高，且应快烧快冷。大件制品的升温速度及冷却速度则要稍慢些。对于竖立放置的颜色釉制品，保温时间宜稍短，以防发生流釉或堆釉；对于水平放置的颜色釉制品，保温时间宜稍长，以保证釉层充分熔融。另外，应通过改进制品造型和颜色釉的高温黏度来避免或减少颜色釉制品棱角处的“露白”缺陷。

二、花釉

花釉一般是指成瓷釉面上同时出现两种或两种以上颜色，且颜色自然交融混合的复色釉。花釉效果的形成是一个非常复杂的过程，既有物理作用，也有化学作用，同时有因浓度差存在而产生的扩散作用。一般来说，花釉的形成主要有两种情况。一种是在器物上同时施两种或两种以上的不同颜色釉，并采用多次施釉或多次烧成等工艺方法，使器物釉面形成绚丽多彩的纹样花釉，此种花釉称为复层花釉或多层花釉。另一种是在器物上只施一种釉，但由于烧成温度、气氛的影响，釉的流动方向、速度不同，釉面呈现两种以上的相异颜色，形成斑点、条纹等色调不同的纹样釉面，如美人醉、玫瑰紫、茄皮紫等铜红花釉。第二种花釉的出现带有偶然性，是“火的艺术”造成的，常称窑变花釉，其配方较复杂，釉的配比范围较窄，往往是釉中不同成分分相形成的，故又称分相花釉。

1. 复层花釉

复层花釉一般由含 Fe_2O_3、MnO 等着色剂的深色底釉和含乳浊剂的面釉组成。由于其釉层至少有两层，因此在未熔融前，底釉与面釉之间是相互贴合的，没有相互渗透，但整个釉层是不均匀的，且存在浓度梯度，整个釉层实际上处于一种亚稳定状态，在一定温度条件下，整个釉层会向着能量更加稳定的方向变化，底釉与面釉保持着相互扩散的趋势。当温度不断升高至釉层的始熔温度时，在浓度梯度作用下，底釉与面釉开始相互扩散。如果此时釉的黏度较高，则相互扩散过程缓慢而均匀，就容易在釉面上形成颜色较淡的乳浊纹与颜色较深的透明条纹交替出现的效果，花釉纹小而均匀、交融明显。如果在相互扩散时，底釉中的一些成分发生分解反应，释放气泡，带动一部分已熔化的底釉向面釉迁移，则容易在面釉上形成底釉的斑点；如果这种扩散剧烈，释放的气泡大，则花釉往往呈现出大块斑点。实际上，底釉中产生的大量气泡对花釉效果的形成有很大影响，正是这种气泡和釉层的不同黏度造就了不均匀乳浊效果与不同颜色，从而形成了花釉特殊的装饰效果。复层花釉举例如图 7–4 所示。

图 7–4　复层花釉举例

影响复层花釉效果的因素主要有以下几个方面。

（1）始熔温度与高温黏度。当底釉始熔温度略高于面釉，且面釉高温黏度较低时，易形成流丝状花纹；当底釉始熔温度略低于面釉，且面釉高温黏度较高时，易形成斑点状花纹。当面釉的流动性大大高于底釉时，流纹多为垂直方向的兔毫纹，且呈现复杂多变的状态。特别是当面釉含有较多的氧化锌并有适当的乳浊度时，产生的兔毫纹好像从很深的地方放射出一样，立体感很强。当底釉、面釉着色剂的呈色反差越大，且面釉黏度越高时，形成的花纹越清晰明显。若底釉、面釉的始熔温度相差很大，则形成“泻釉”，或无花纹。

（2）面釉乳浊剂的使用。双层花釉一般由颜色较深的底釉与颜色较淡的面釉组合而成，而面釉中往往含有乳浊剂才能呈现交融混合的复杂效果，因此面釉往往是颜色较淡的乳浊釉。乳浊效果主要是在釉中添加氧化锡、锆英石、二氧化钛、二氧化铈、氧化锌等乳浊剂形成的，由于乳浊剂性质有差异，产生的乳浊效果也有差异，因此花釉效果多变。

（3）器物造型。器物造型的倾斜度、棱角、凹凸、曲直等对花釉效果也会产生一定的影响。高温时釉层熔融，在重力作用下会发生流动，但在不同倾斜度和形状的面、线上，流速、流向均有差别，因而会形成不同的花纹。例如，在平面上花纹呈斑点状，在垂面或斜面上花纹呈流线型或有类似动物皮毛的效果，从平面到垂面或斜面，形成的花釉由斑点状花纹变为流线型或类似动物皮毛效果的花纹。绝大多数花釉制品都是立式的，容易形成流淌而形式多样的纹理效果。

（4）施釉方法与釉层厚度。复层花釉一般采用浸釉法施底釉，根据制品形态、装饰要求可选用喷釉、浸釉、点釉、涂釉等方法施面釉。采用喷釉法施面釉时，可使釉层厚度随意掌握，得到的花釉具有或明或暗的效果。浸釉法能使釉面均匀、光滑，而点釉法、涂釉法可使预定部位产生一定大小与形状的多色效果。若底釉厚而面釉薄，则形成的花釉偏向底釉色，花纹明显；反之，则偏向面釉色，花纹不明显。

（5）烧成温度和保温时间。烧成温度和保温时间对花釉效果有显著影响。烧成温度高，若釉黏度低，则面釉流动性增大，易形成流纹状或有皮毛感的花釉。高温保温时间延长，则可增加底釉、面釉的相互扩散程度，从而形成底釉色相比例高的花釉。如果最高烧成温度及高温保温时间控制得准确，则釉料反应完全、流动充分，釉面平滑，形成的花纹就自然、生动。

2. 窑变花釉（分相花釉）

釉色在入窑烧成时发生变化，呈现美丽绚烂的颜色，这种花釉就是窑变花釉。窑变花釉举例如图 7–5 所示。出现窑变花釉的主要原因在于釉料的组成。在高温时釉料熔融，釉液由多种液相组成，而着色离子往往分布在某些孤立的液相中，因此花釉呈现出各种斑驳的花色效果。例如，硅酸盐高温熔体有时会出现液相分离现象，即在熔体中液液之间不混溶，这种现象即为分相，分相是窑变花釉产生的根本原因。

a)　b)　c)　d)

图 7-5　窑变花釉举例

a）钧釉器皿　b）铁红釉器皿　c）金色鹧鸪斑建盏　d）银色鹧鸪斑建盏

窑变花釉具有某一特定范围的化学组成，在烧成过程中于一定的物理和化学平衡条件下，釉液会分离成两个成分不同、互不混溶的液相，其中一个液相以无数的孤立小液滴状态分散于另一个连续的液相之中，或者两相以自身连通、相互穿插的形式存在。各常用原料中，P_2O_5、TiO_2、ZnO、MgO、CaO、B_2O_3 是促进分相的，Al_2O_3、K_2O、Na_2O、BaO、PbO 是阻碍分相的。影响窑变花釉效果的主要因素如下。

（1）釉的化学组成。釉的化学组成是影响窑变花釉的最重要因素，特别是促进分相的氧化物（如 P_2O_5、TiO_2 等）含量。这类氧化物能有效促进釉中孤立相与连续相的分离，而着色剂集中在孤立相中时，就形成了釉面颜色不均匀分布的效果。釉中 SiO_2、Al_2O_3 的含量也会显著影响窑变花釉的效果。当 SiO_2 含量增多时，O/Si 的值变小，硅氧四面体的结合会更紧密，熔体的网络结构会更牢固，高温黏度会更高。

（2）烧成温度和保温时间。烧成温度的高低和保温时间的长短主要影响釉料的高温黏度与表面张力。烧成温度过高，连续相的流动性增强，孤立相的表面张力减小，易于使分散相扩散而均化；烧成温度过低，釉体玻化不完全，分相无法进行。另外，保温时间延长有利于分相发展，因此，在化学组成不变的前提下，保温时间长时，分相程度较高，甚至会形成乳浊釉面。

（3）烧成气氛。烧成气氛对釉熔体分相效果的产生有重要影响。古代绚丽多彩的钧釉、铜红釉等都是在还原气氛下烧成的。有研究表明，还原气氛比氧化气氛更易使熔体黏度下降，尤其是含铁量高的釉种，这是因为 FeO 比 Fe_2O_3 具有更低的高温黏度。还原气氛对 Fe、Mn、Cu、Co 等元素的价态也有影响，能使其以多种价态共存，得到的釉色往往是复合色，效果很好。

（4）釉层厚度。当釉层较薄时，坯体中的 Al_2O_3 向釉中渗透，阻碍了分相的发生，容易变成透明釉；当釉层较厚时，虽然坯体中的 Al_2O_3 对釉也有影响，但这种影响仅局限于靠近坯体的釉层，仅使坯釉交界处形成透明层。因此，窑变花釉必须具有一定的厚度才能达到效果。

（5）坯体形状。坯体形状不同，产生的窑变花釉效果也不同。对于较为简单的平面或立面制品，会出现对比强烈的流纹；而对于较为复杂的浮雕制品，会在坯体的边棱、凹凸部位出现不同于其他部位颜色的阴阳装饰效果。

三、结晶釉

结晶釉是一种别有风味的艺术釉，结晶釉举例如图 7–6 所示。通常在基础釉中引入结晶剂，待釉熔融后通过对冷却制度进行控制，使釉中的结晶性物质处于过饱和状态而析出形态各异的晶体，极具观赏性。不同形状的陶瓷坯体若能选择适当的结晶釉来装饰，往往会产生人工彩饰所不及的艺术效果。结晶釉与颜色釉适当结合，也会产生特殊的艺术效果。

1. 结晶釉的分类

（1）按照晶体形态分类，结晶釉可分为“油滴天目”“雨点”“茶叶末”“铁锈花”“星盏”，以及菊花状、水花状、闪星状、菱角状、羽毛状、放射状、螺旋状、条状、针状、粒状、板状、球状等。其中，宋代烧制的“星盏”“茶叶末”“铁锈花”等结晶釉为我国陶瓷艺术的瑰宝。

（2）按照配制釉料时是否使用熔块分类，结晶釉可分为生料结晶釉和熔块结晶釉。

（3）按照烧成温度分类，结晶釉可分为高温结晶釉（1 250 ℃以上）、中温结晶釉（1 000 ~ 1 250 ℃）和低温结晶釉（1 000 ℃以下）。

a）

b）

图 7–6　结晶釉举例

a）锌结晶釉　b）钛结晶釉

（4）按照晶体大小分类，结晶釉可分为粗晶结晶釉和微晶结晶釉。粗晶结晶釉的晶体肉眼看见，大的直径有 5 cm 甚至更大，釉表面完全或部分覆盖生长较好的晶体，或晶体在釉表面的下方，被封闭在玻璃质基体之中。粗晶结晶釉是典型的结晶釉，硅酸锌结晶釉就属于此类型。微晶结晶釉的晶体很小，犹如天空中的星星一般，有的不用显微镜放大是看不出来的，晶体形态基本上为针状、板状或微小的球状。

（5）按照晶体的矿物组成分类，结晶釉可分为硅酸锌结晶釉、硅酸钛结晶釉、硅酸钙结晶釉、硅酸铁结晶釉、硅酸钴结晶釉、硅酸锰结晶釉、硅酸锌镍结晶釉、硅酸钙镁结晶釉、硅酸铈结晶釉、硅酸锆镨结晶釉等。

2. 结晶釉制品的装窑

结晶釉制品的装窑极为重要，因为这一阶段决定结晶釉制品的质量。结晶釉的高温黏度低，易流动而粘底，这对窑具如棚板、匣钵等都有一定的破坏作用，往往将好的制品变为废品。因此，在将结晶釉制品装窑时，要为其垫上垫脚。如图 7–7a 所示，垫脚上的边沟可以收纳流下的釉液，以保护匣钵；如图 7–7b 所示，在垫脚上面撒一层约 2 mm 厚的氧化铝粉（或熟料），外涂一层泥浆，以防釉液渗入而粘在制品底部；如图 7–7c 所示，在垫脚下面加一层泥饼，烧后切割掉一截底脚即可，这种加垫脚的方法适合高脚制品。现在生产结晶釉制品时，还要对其底部进行磨光，以便于后续操作。

3. 结晶釉的烧成

结晶釉的烧成总结为“烤、升、平、突、降、保、冷”七字烧成法，结晶釉的烧成曲线如图 7–8 所示。

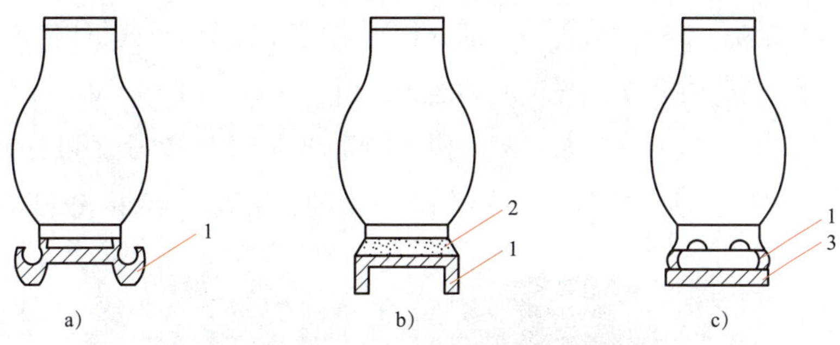

图 7–7 结晶釉制品的装窑

a）垫上垫脚 b）在垫脚上撒氧化铝粉（或熟料） c）在垫脚下加泥饼

1—垫脚 2—氧化铝粉 3—泥饼

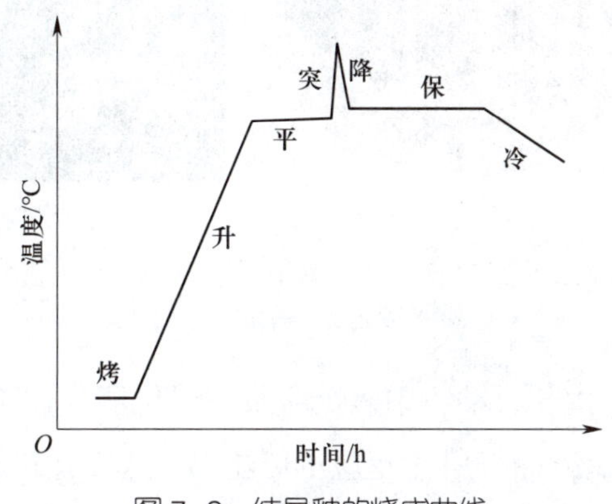

图 7–8 结晶釉的烧成曲线

烤——将上釉坯体在低温条件下加热、保温一段时间，避免水分对烧成过程造成不良影响。

升——烧成温度在 1 000 ℃左右，在釉料开始前熔融要正常升温。

平——在釉料熔融温度范围内要保温一段时间，以缩小窑内上下前后的温差，有利于盐类的分解和气体的排出。此阶段的温度根据釉料组成确定，一般在 1 040 ~ 1 080 ℃。

突——快速升温到釉料烧成的上限温度，以防止结晶剂全部熔融，从而使残留的部分结晶剂颗粒成为晶核，属于非均匀成核过程。

降——从釉料烧成温度的上限快速下降到析晶温度，在过冷度作用下，晶核形成。

保——在析晶温度范围内进行保温操作，晶核不断析出，晶体不断长大。

冷——当到预定保温时间后，逐渐降温进行冷却。

四、砂金釉

砂金釉是一种特殊类型的结晶釉，其釉料中含有一种或几种含量较高的金属氧化物作为结晶剂，在冷却过程中，部分金属氧化物以晶体形式析出，这些晶体位于釉层的下部，悬浮在透明的玻璃基体之中，由于其对入射光有反射作用，看上去就像金星一样闪耀，因此又称金星釉。按照结晶剂的不同，砂金釉可分为铁砂金釉（见图 7–9a）、铬砂金釉（见图 7–9b）、铬铁砂金釉、铬铜砂金釉、铀砂金釉等。

a)

b)

图 7–9 砂金釉举例
a）铁砂金釉 b）铬砂金釉

为了有利于晶体的生长，釉料中黏土含量应尽可能少，这样可降低釉的高温黏度，同时所选坯料的收缩率和气孔率也应尽可能小，这样有利于坯釉结合。釉料应尽可能多地选用高温黏度低的熔剂，如硅硼熔块、玻璃粉等，而不选长石等高温黏度较高的熔剂，这样将大大减小晶体在高温熔融状态下的生长阻力。在呈色方面，选用适量的方解石、碳酸钡或烧滑石可使底色由黄向红转变，但添加比例不宜过多，一般以 1%~ 3% 为宜，否则将使晶体熔化或使晶体浮于釉层的表面。砂金釉因晶体悬浮在釉层中，故釉层有一定的厚度才能呈现良好的艺术效果，一般釉层厚 1.5 ~ 2 mm。

砂金釉的烧成曲线可参考图 7–10。产品达最高烧成温度后进行快速冷却，然后适当回温并保温一定时间，最后缓慢冷却。

五、无光釉

无光釉对光的反射能力较弱，故在其平滑釉面上只能呈现柔和的丝状、绒状等无光或亚光效果。无光釉是一种具有特殊效果的艺术釉，这种艺术釉可用于陈设类艺术陶瓷制品的装饰，也可用于内外墙砖或地砖的装饰。

1. 无光釉的制备方法

无光釉的制备方法有三种：一是适当降低釉烧温度或适当增加釉料的 Al_2O_3 含量，二是用氢氟酸溶液轻度腐蚀釉层表面，三是在冷却时使釉层析出微晶。

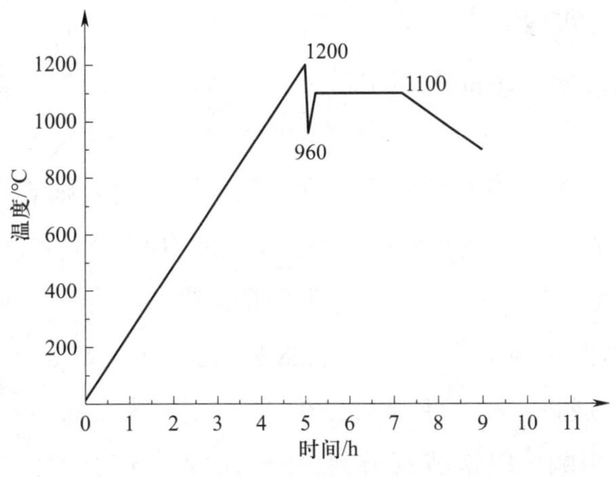

图 7–10 砂金釉的烧成曲线

第三种方法比较方便，应用较多。当采用冷却析晶法形成无光釉时，釉层中生成了许多均匀分布的微细晶体。微细晶体主要有以下几种：釉料中富含 SiO_2，形成鳞石英晶体；釉料中添加过量的 ZnO，形成硅锌矿晶体；釉料中添加含钡原料，形成钡长石晶体；釉料中添加适量或过量的含钙原料，形成硅灰石晶体或钙长石晶体；釉料中添加过剩的钙镁原料，形成透辉石晶体；釉料中添加过量的 TiO_2，形成金红石晶体。

2. 无光釉的分类

按照配制釉料时是否使用熔块分类，无光釉可分为生料无光釉和熔块无光釉；按照烧成温度分类，无光釉可分为高温无光釉、中温无光釉和低温无光釉；按照晶体组成分类，无光釉可分为钙无光釉、镁无光釉、锌无光釉、钛无光釉、复合无光釉等。在釉料中加入各种着色剂，即可形成各种颜色的无光釉。大多数着色氧化物在无光釉中也可以发色，从而制得无光颜色釉。下面简单介绍钙无光釉、镁无光釉、锌无光釉、钛无光釉以及复合无光釉的情况。

（1）钙无光釉。釉中含有较多的 CaO，当条件合适时，即形成细小的钙长石晶体或硅灰石晶体。

（2）镁无光釉。当釉中氧化镁含量较高时，在其他成分适当的情况下，即形成原顽辉石或透辉石的细小晶体，而产生无光效果。

（3）锌无光釉。锌无光釉以氧化锌作为结晶剂，主要晶体是硅酸锌晶体。

（4）钛无光釉。钛无光釉以二氧化钛作为结晶剂，主要晶体是金红石晶体。

（5）复合无光釉。通常情况下，几种产生无光釉的结晶剂是复合使用的，从而形成钙长石晶体、硅灰石晶体、硅酸锌晶体、原顽辉石晶体等。

3. 影响无光釉的因素

（1）结晶剂的影响。结晶剂的用量必须合适，太多或太少都会失去无光釉的特性。

（2）硅铝比的影响。当碱性氧化物含量固定不变时，随着硅铝比的升高，釉面从无光变为半无光，甚至变为光亮。在无光釉的化学组成中，Al_2O_3 与 SiO_2 物质的量之比应为 1∶c（c=3～6），这个指标是使釉无光的决定性因素。

例如，将普通光泽釉［（0.72 CaO+0.28 KNaO）· 0.4 Al_2O_3 · 2.8 SiO_2］中 Al_2O_3 的系数提高到 0.5，或将 SiO_2 的系数降低到 2.4，则变为无光釉。

（3）乳浊剂的影响。以锆英石为例，由于加入锆英石的釉黏度提高，会产生一系列缺陷，故在生料无光釉中，锆英石的占比以小于 4% 为宜。

（4）工艺制度的影响。烧成制度对无光釉的影响很大，根据不同配方选择最高烧成温度、保温时间、冷却速度是制作无光轴的关键。

另外，控制烧成过程的冷却速度也十分重要。冷却过快，则易变成光泽釉，尤其是釉中 SiO_2 的含量较多时，且不放慢冷却速度就不会析晶。

六、裂纹釉

裂纹釉又称碎纹釉、开片釉或纹片釉，这种釉的热膨胀系数比坯体大，在冷却过程中承受超过其承受极限的张应力而产生裂纹。裂纹釉也是一种艺术釉，由于釉层具有清晰的不同形状的裂纹而使制品呈现独特的艺术效果。

裂纹釉的纹片有两种。在冷窑过程中出现的是一次纹片，其纹路较宽，涂抹的颜料易渗入，因而色调较深。在使用过程中或出窑后由于残余应力作用而出现的是二次纹片，其纹路较窄，染色时颜料不易渗入，色调较浅。

裂纹釉一般根据其釉面裂纹的形态而命名，如鱼子纹（见图 7-11a）、百圾碎（见图 7-11b）、牛毛纹（见图 7-11c）、鳝血纹（见图 7-11d）、冰裂纹（见图 7-11e）、蟹爪纹等。鱼子纹和百圾碎的纹路交错、细小而密集，其中鱼子纹的裂纹更加细小。牛毛纹是呈细条状的。缮血纹是在粗疏的纹片中交织着细密的灼红色裂纹，这种裂纹釉较名贵。冰裂纹的纹路形似冰裂，有重叠。蟹爪纹像在沙地上留下的蟹爪痕一样。

配制裂纹釉的釉料时，要保证其热膨胀系数较大，配制技巧如下：增加 K_2O、Na_2O 的含量，减少 SiO_2、Al_2O_3 的含量，可用长石代替一部分石英、黏土；在等物质的量的前提下，用相对分子质量大的碱性氧化物取代相对分子质量小的碱性氧

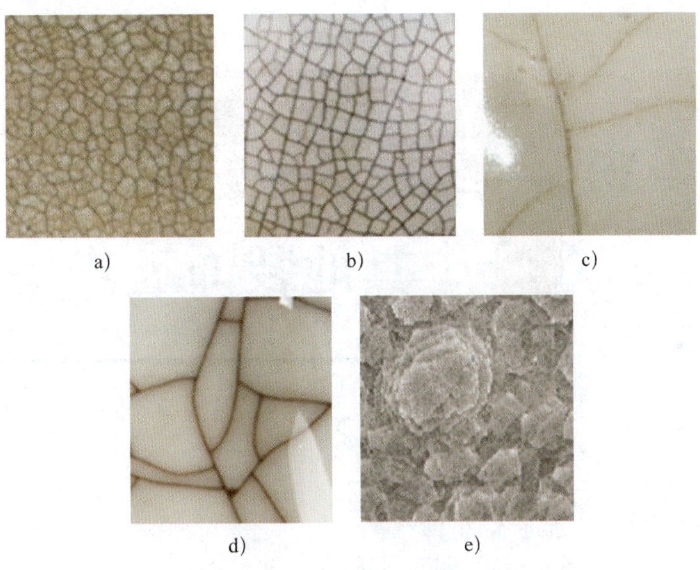

图 7–11 裂纹釉举例

a）鱼子纹 b）百圾碎 c）牛毛纹 d）鳝血纹 e）冰裂纹

化物，如用 BaO 取代 MgO，用 CaO 取代 MgO，用 PbO 取代 KNaO；某些热膨胀系数小的着色氧化物如 TiO_2 等的加入量不可过多。另外，由于 ZnO、ZrO_2 等氧化物的弹性模数小，抗裂性能好，因而锌釉、锆釉不宜配制裂纹釉。

裂纹釉釉料的颗粒比其他釉料要细些，通常其细度控制在万孔筛筛余 0.01% ~ 0.05%。施釉时釉层厚度较其他釉大些，通常为 0.8 ~ 2 mm，因为较厚的釉层可以降低釉的弹性，有利于裂纹釉的形成。

培训项目 4 其他装饰工艺

一、色坯与化妆土

1. 色坯

色坯是使陶瓷坯体整体着色的装饰工艺，可使坯体呈现一定颜色。通常将颜料以不同方式加入坯料中，将坯体整体、局部着色或按一定图案纹样着色，而后施透明釉或不施釉而直接呈现坯色。色坯在墙地砖、道路砖、屋面瓦中的使用较为普遍，其成本低廉，使用方便。

色坯的着色机理是着色离子与坯料中的 Al_2O_3、SiO_2 等形成着色的硅酸盐、铝硅酸盐，最后这些盐类与坯料成分结合形成均匀的带色体。色坯常用天然黏土着色，也可以在白坯中加入着色氧化物或陶瓷颜料。

生产色坯所用的颜料除天然黏土（含有铁、钛、锰等元素的着色化合物）外，还有人工合成的中高温陶瓷颜料。采用人工合成颜料时，必须将其与坯料一次性投料并进行混磨，混磨细度要求为万孔筛筛余 0.1% ~ 0.5%。注意，混磨细度和坯料的均匀性会直接影响坯体的着色效果。同时，陶瓷颜料的加入量应考虑着色需要、发色能力以及对坯料成型、烧成工艺的影响等。在对色坯进行烧成时，必须根据温度、气氛对所用陶瓷颜料的呈色影响制定出合理的烧成制度。

2. 化妆土

化妆土又称釉底料，它与色坯不同，它是利用着色坯泥使坯体表层着色的。大多数陶瓷制品是在坯体上直接施釉的，但有时先在坯体上施涂一层薄泥浆，然后再施釉层，这层薄泥浆就是化妆土。化妆土在墙地砖的生产中应用较多，有些不法商贩甚至利用白色化妆土来遮盖所用的劣质陶瓷原料。与釉相比，化妆土主要由黏土组成，且熔剂较少，具有与坯体相似的性质，烧后不具有光泽；而釉是含有大量熔剂成分的玻璃质物质，烧成后可具有透明度和光泽度。

施涂化妆土可以采用浸渍法、浇洒法、喷涂法等。由于施有化妆土的坯体是化妆土层和坯釉层复合而成的，因此化妆土所用原料的干燥收缩率、烧成收缩率以及热膨胀系数应与坯釉料的干燥收缩率、烧成收缩率以及热膨胀系数相适应，否则就会出现化妆土层剥落或釉层开裂、剥落等缺陷。

用于制备化妆土的各种原料应一次性投料并进行混磨，通常需要在配合料中再加入适量的糊精、羧甲基纤维素等胶结性物质，以保证化妆土层在坯体上牢固附着，防止其剥落。

二、绞胎

绞胎又称绞泥，是指将两种以上不同色调的坯料不均匀地掺在一起，制成由不同色调的绞纹来达到装饰效果的坯体。操作时将不同颜料加入坯料中，制成不同色调的可塑坯料，再将这几种颜色的坯料揉捏在一起使其成型，形成具有绞纹的坯体，干燥后可施透明釉也可不施釉。另外，也可在成型坯体上浸一层这样的泥浆形成绞纹。绞胎多用于陶器制品的装饰。绞胎举例如图 7–12 所示。

a) b)

图 7–12 绞胎举例

a）绞胎杯子 b）绞胎茶壶

三、雕塑

1. 镂雕

镂雕又称“镂空”“透雕”“通花”，是中国陶瓷传统装饰工艺的特种技法之一，现广泛流行于广东潮州产瓷区。镂雕主要以镂空为主，可结合圆雕、捏雕、堆雕等技法，一般在陶瓷坯体上先把装饰纹样雕通，再在上面粘贴花纸或加彩。

这种装饰工艺将镂空和纹样巧妙结合，具有细腻精巧、玲珑剔透、层次丰富、虚实并存的特点。镂雕举例如图 7–13 所示。

a）

b）

图 7–13 镂雕举例

a）镂雕捏花花瓶 b）镂雕碗

2. 捏雕

捏雕又称“捏花”，是以捏为主，配以搓、刻、削、捺、印等技法，用写实的手法塑造各种动物、植物、人物等形象的传统装饰工艺。捏雕讲究精细入微，制品自然随意、形态逼真、风格写实。

3. 堆花

堆花是一种全手工的装饰工艺，是指用手指在陶瓷坯体表面用黏土堆贴，组成既有黏土特性又有浮雕效果的装饰纹样。堆花具有很高的技巧性，它继承了传统的陶塑、印纹、贴花等方法并发展出独有的特色。陶瓷制品经过细致的堆花装饰、施釉烧成，可形成清晰、层次分明、呈半浮雕状态、有浓厚手工艺特点的画面，其装饰风格豪放潇洒、构图疏简有致、釉色绚丽多彩，具有很高的艺术价值。宜兴均陶堆花制品如图 7–14 所示。

图 7–14 宜兴均陶堆花制品

4. 刻花

刻花是中国陶瓷传统装饰工艺之一，它是用竹刀或铁刀在未烧的陶瓷坯体上刻划纹样以达到装饰效果的。这种装饰工艺目前多用在陶器上，承继传统并有所发展，具有独特的艺术风格。耀州窑刻花瓷是比较有代表性的刻花制品，如图 7–15 所示。

图 7–15　耀州窑刻花瓷

5. 剔花

剔花有两种形式——留花剔地和留地剔花。前者在坯体上先覆盖一层化妆土，然后剔出纹饰，再剔出纹饰外的空间，最后施一层透明釉烧成；后者先剔出露胎体的纹饰，保留纹饰以外瓷釉的本色，然后施一层透明釉烧成。

四、贵金属装饰

贵金属装饰是指用金、铂、钯、银等贵金属在陶瓷釉上进行装饰。因其装饰成本较高，往往只用于装饰高档陶瓷制品。在贵金属装饰中，金饰应用最多。金饰具体分为亮金（如金边和描金）、磨光金、腐蚀金、金花纸等。金饰的烤烧应在氧化气氛下进行，以防止出现金色不亮（又称“朦色”）的缺陷。

1. 亮金

亮金是指在适当温度条件下（600 ~ 850 ℃）彩烧金饰原料，直接获得发金光的金属层的装饰方法。亮金所用原料是金水。亮金在陶瓷制品尤其是日用陶瓷制品的装饰中使用极为广泛，主要用于描饰金边或描绘画面。彩绘时可直接用毛笔蘸金水描绘。稀释金水时多用环己酮与四氢呋喃各占 50% 的混合液。使用金水时不能混入其他釉或颜料，否则会造成渗化失色。

2. 磨光金

磨光金与亮金的不同之处在于其经过彩烧后金层是无光的，所以必须经过抛光才能获得发亮的金层。磨光金同样也可以在釉面上直接彩绘，但经过 700 ~ 800 ℃

彩烧后，将呈现无光的薄金层，一般用玛瑙笔、细砂纸或红铁石将其抛光而使其发亮。磨光金所用原料是磨光金彩料，它的含金量比金水高，所以磨光金层的含金量比亮金层高得多。

3. 腐蚀金

腐蚀金的工艺流程如下：先在陶瓷釉面上涂抹一层柏油，然后用金属工具在柏油上刻划图案，再用氢氟酸溶液涂刷被金属工具刻划后无柏油的釉面部分（这部分釉面便分解成可溶性化合物和挥发性的氟化硅）；用水冲洗，将腐蚀产物冲走，被腐蚀的釉面已变得毛糙而沉陷，而有柏油保护的釉面还能保持原样，再用沸水洗去釉层表面的柏油；在整个制品表面涂一层磨光金彩料，彩烧后加以抛光，则未被腐蚀的釉面上的金层是发亮的，而被腐蚀的沉陷部分的金层则是无光的（也可以涂 1 ~ 2 次金彩料，每涂一次要在 700 ~ 800 ℃的温度下彩烧 5 ~ 6 h，然后用细砂纸混水磨擦金面一次，最后用玛瑙笔抛光一次）。

4. 金花纸

近年来，金花纸这种快捷、高效的金饰方法在高档陶瓷装饰中得到广泛应用，金花纸能使金饰画面更加丰富。

五、喷墨打印

喷墨打印技术在陶瓷工业领域刚刚开始应用，主要有两方面的用途——陶瓷制品装饰和陶瓷成型。

在陶瓷制品装饰方面，喷墨打印是指将陶瓷颜料制成多色墨水，通过计算机控制的打印机将其直接打印到陶瓷表面进行装饰的工艺。其优势在于可充分利用计算机的便捷性，通过软件及时更改装饰设计，提高新制品的开发速度和生产效率，同时借助计算机设计复杂图案，提高装饰效果。

思 考 题

1. 常见的陶瓷装饰工艺有哪些？
2. 简述固体陶瓷颜料的制备过程。
3. 对比描述釉上彩、釉下彩和釉中彩的特点。
4. 常见的陶瓷艺术釉有哪些？

5. 颜色釉的配釉方法有哪些?
6. 简述颜色釉的制备工艺。
7. 影响窑变花釉装饰效果的因素有哪些?
8. 无光釉的制备方法有哪些?
9. 简述色坯与化妆土的区别。

职业模块 8 相关法律法规知识

了解劳动者的权利和义务。

了解劳动争议的处理方法。

了解劳动合同的订立、变更、解除和终止。

了解《环境保护法》规定的法律责任。

了解从业人员的安全生产权利和义务。

培训项目 1 《中华人民共和国劳动法》相关知识

《中华人民共和国劳动法》(以下简称《劳动法》)于 1994 年 7 月 5 日在第八届全国人民代表大会常务委员会第八次会议上通过(自 1995 年 1 月 1 日起施行),后分别于 2009 年 8 月 27 日、2018 年 12 月 29 日进行了两次修正。

《劳动法》共十三章一百零七条,主要内容包括总则、促进就业、劳动合同和集体合同、工作时间和休息休假、工资、劳动安全卫生、女职工和未成年工特殊保护、职业培训、社会保险和福利、劳动争议、监督检查、法律责任、附则。

一、总则

《劳动法》第一章为总则,主要明确了立法宗旨、适用范围、劳动者的权利和义务、用人单位规章制度、相关部门职责等方面的规定。

1. 立法宗旨

为了保护劳动者的合法权益,调整劳动关系,建立和维护适应社会主义市场经济的劳动制度,促进经济发展和社会进步,根据宪法制定《劳动法》。

2. 适用范围

在中华人民共和国境内的企业、个体经济组织（以下统称用人单位）和与之形成劳动关系的劳动者，适用《劳动法》。国家机关、事业组织、社会团体和与之建立劳动合同关系的劳动者，依照《劳动法》执行。

3. 劳动者的权利和义务

劳动者享有平等就业和选择职业的权利、取得劳动报酬的权利、休息休假的权利、获得劳动安全卫生保护的权利、接受职业技能培训的权利、享受社会保险和福利的权利、提请劳动争议处理的权利以及法律规定的其他劳动权利。劳动者应当完成劳动任务，提高职业技能，执行劳动安全卫生规程，遵守劳动纪律和职业道德。劳动者有权依法参加和组织工会。

4. 用人单位规章制度

用人单位应当依法建立和完善规章制度，保障劳动者享有劳动权利和履行劳动义务。

5. 相关部门职责

国家采取各种措施，促进劳动就业，发展职业教育，制定劳动标准，调节社会收入，完善社会保险，协调劳动关系，逐步提高劳动者的生活水平。国家提倡劳动者参加社会义务劳动，开展劳动竞赛和合理化建议活动，鼓励和保护劳动者进行科学研究、技术革新和发明创造，表彰和奖励劳动模范和先进工作者。国务院劳动行政部门主管全国劳动工作。县级以上地方人民政府劳动行政部门主管本行政区域内的劳动工作。

二、促进就业

《劳动法》第二章明确了就业原则、政府的保障条件等方面的规定。

劳动者就业，不因民族、种族、性别、宗教信仰不同而受歧视。妇女享有与男子平等的就业权利。在录用职工时，除国家规定的不适合妇女的工种或者岗位外，不得以性别为由拒绝录用妇女或者提高对妇女的录用标准。残疾人、少数民族人员、退出现役的军人的就业，法律、法规有特别规定的，从其规定。禁止用人单位招用未满十六周岁的未成年人。文艺、体育和特种工艺单位招用未满十六周岁的未成年人，必须遵守国家有关规定，并保障其接受义务教育的权利。

国家通过促进经济和社会发展，创造就业条件，扩大就业机会。国家鼓励企业、事业组织、社会团体在法律、行政法规规定的范围内兴办产业或者拓展经营，增加就业。国家支持劳动者自愿组织起来就业和从事个体经营实现就业。地方各级人民政府应当采取措施，发展多种类型的职业介绍机构，提供就业服务。

三、劳动合同、裁员和集体合同

《劳动法》第三章就劳动合同、裁员、集体合同等内容进行了规定。

1. 劳动合同

劳动合同是劳动者与用人单位确立劳动关系、明确双方权利和义务的协议。建立劳动关系应当订立劳动合同，且劳动合同应当以书面形式订立。无效的劳动合同，从订立的时候起，就没有法律约束力。

劳动合同的期限分为有固定期限、无固定期限和以完成一定的工作为期限。劳动者在同一用人单位连续工作满十年以上，当事人双方同意续延劳动合同的，如果劳动者提出订立无固定期限的劳动合同，应当订立无固定期限的劳动合同。

劳动合同期满或者当事人约定的劳动合同终止条件出现，劳动合同即行终止。

2. 裁员

用人单位濒临破产进行法定整顿期间或者生产经营状况发生严重困难，确需裁减人员的，应当提前三十日向工会或者全体职工说明情况，听取工会或者职工的意见，经向劳动行政部门报告后，可以裁减人员。用人单位依据本条规定裁减人员，在六个月内录用人员的，应当优先录用被裁减的人员。

3. 集体合同

企业职工一方与企业可以就劳动报酬、工作时间、休息休假、劳动安全卫生、保险福利等事项，签订集体合同。集体合同草案应当提交职工代表大会或者全体职工讨论通过。集体合同由工会代表职工与企业签订；没有建立工会的企业，由职工推举的代表与企业签订。集体合同签订后应当报送劳动行政部门；劳动行政部门自收到集体合同文本之日起十五日内未提出异议的，集体合同即行生效。依法签订的集体合同对企业和企业全体职工具有约束力。职工个人与企业订立的劳动合同中劳动条件和劳动报酬等标准不得低于集体合同的规定。

四、工作时间、休假和加班报酬

劳动者有劳动的义务，也有休息的权利。《劳动法》第四章就工作时间、休假、加班报酬等进行了规定。

1. 工作时间

国家实行劳动者每日工作时间不超过八小时、平均每周工作时间不超过四十四小时的工时制度。对实行计件工作的劳动者，用人单位应当根据上述工时制度，合理确定其劳动定额和计件报酬标准。用人单位应当保证劳动者每周至少休息一日。企业因生产特点不能实行以上规定的，经劳动行政部门批准，可以实行其他工作和休息办法。

2. 休假

用人单位在下列节日期间应当依法安排劳动者休假：元旦，春节，国际劳动节，国庆节，法律、法规规定的其他休假节日。

用人单位由于生产经营需要，经与工会和劳动者协商后可以延长工作时间，一般每日不得超过一小时；因特殊原因需要延长工作时间的，在保障劳动者身体健康的条件下延长工作时间每日不得超过三小时，但是每月不得超过三十六小时。用人单位不得违反《劳动法》规定延长劳动者的工作时间。国家实行带薪年休假制度，劳动者连续工作一年以上的，享受带薪年休假。

有下列情形之一的，延长工作时间不受《劳动法》相关规定的限制：发生自然灾害、事故或者因其他原因，威胁劳动者生命健康和财产安全，需要紧急处理的；生产设备、交通运输线路、公共设施发生故障，影响生产和公众利益，必须及时抢修的；法律、行政法规规定的其他情形。

3. 加班报酬

有下列情形之一的，用人单位应当按照下列标准支付高于劳动者正常工作时间工资的工资报酬：安排劳动者延长工作时间的，支付不低于工资的百分之一百五十的工资报酬；休息日安排劳动者工作又不能安排补休的，支付不低于工资的百分之二百的工资报酬；法定休假日安排劳动者工作的，支付不低于工资的百分之三百的工资报酬。

五、工资

《劳动法》第五章规定了工资的分配原则、最低工资保障制度、工资的支付形式等。

工资分配应当遵循按劳分配原则，实行同工同酬。工资水平在经济发展的基础上逐步提高。国家对工资总量实行宏观调控。用人单位根据本单位的生产经营特点和经济效益，依法自主确定本单位的工资分配方式和工资水平。

国家实行最低工资保障制度。最低工资的具体标准由省、自治区、直辖市人民政府规定，报国务院备案。用人单位支付劳动者的工资不得低于当地最低工资标准。确定和调整最低工资标准应当综合参考下列因素：劳动者本人及平均赡养人口的最低生活费用，社会平均工资水平，劳动生产率，就业状况，地区之间经济发展水平的差异。

工资应当以货币形式按月支付给劳动者本人。不得克扣或者无故拖欠劳动者的工资。劳动者在法定休假日和婚丧假期间以及依法参加社会活动期间，用人单位应当依法支付工资。

六、劳动安全卫生

用人单位负有劳动保护的义务。《劳动法》第六章在劳动安全卫生方面做出明确规定。

用人单位必须建立、健全劳动安全卫生制度，严格执行国家劳动安全卫生规程和标准，对劳动者进行劳动安全卫生教育，防止劳动过程中的事故，减少职业危害。

劳动安全卫生设施必须符合国家规定的标准。新建、改建、扩建工程的劳动安全卫生设施必须与主体工程同时设计、同时施工、同时投入生产和使用。

用人单位必须为劳动者提供符合国家规定的劳动安全卫生条件和必要的劳动防护用品，对从事有职业危害作业的劳动者应当定期进行健康检查。从事特种作业的劳动者必须经过专门培训并取得特种作业资格。

劳动者在劳动过程中必须严格遵守安全操作规程。劳动者对用人单位管理人员违章指挥、强令冒险作业，有权拒绝执行；对危害生命安全和身体健康的行为，有权提出批评、检举和控告。

七、女职工和未成年工特殊保护

《劳动法》第七章规定，国家对女职工和未成年工实行特殊劳动保护。未成年工是指年满十六周岁未满十八周岁的劳动者。

禁止安排女职工从事矿山井下、国家规定的第四级体力劳动强度的劳动和其他禁忌从事的劳动。不得安排女职工在经期从事高处、低温、冷水作业和国家规定的第三级体力劳动强度的劳动。不得安排女职工在怀孕期间从事国家规定的第三级体力劳动强度的劳动和孕期禁忌从事的劳动。对怀孕七个月以上的女职工，不得安排其延长工作时间和夜班劳动。女职工生育享受不少于九十天的产假。不得安排女职工在哺乳未满一周岁的婴儿期间从事国家规定的第三级体力劳动强度的劳动和哺乳期禁忌从事的其他劳动，不得安排其延长工作时间和夜班劳动。

不得安排未成年工从事矿山井下、有毒有害、国家规定的第四级体力劳动强度的劳动和其他禁忌从事的劳动。用人单位应当对未成年工定期进行健康检查。

八、职业培训

为了提高劳动者素质，提高劳动生产效率，国家对职业培训给予了极大的关注和扶持。《劳动法》第八章对各级人民政府和用人单位在职业培训方面做出明确规定。

国家通过各种途径，采取各种措施，发展职业培训事业，开发劳动者的职业技能，提高劳动者素质，增强劳动者的就业能力和工作能力。

各级人民政府应当把发展职业培训纳入社会经济发展的规划，鼓励和支持有条件的企业、事业组织、社会团体和个人进行各种形式的职业培训。

用人单位应当建立职业培训制度，按照国家规定提取和使用职业培训经费，根据本单位实际，有计划地对劳动者进行职业培训。从事技术工种的劳动者，上岗前必须经过培训。

国家确定职业分类，对规定的职业制定职业技能标准，实行职业资格证书制度，由经备案的考核鉴定机构负责对劳动者实施职业技能考核鉴定。

九、社会保险和福利

《劳动法》第九章是对社会保险和福利的相关规定。

国家发展社会保险事业，建立社会保险制度，设立社会保险基金，使劳动者在年老、患病、工伤、失业、生育等情况下获得帮助和补偿。社会保险水平应当与社会经济发展水平和社会承受能力相适应。社会保险基金按照保险类型确定资金来源，逐步实行社会统筹。用人单位和劳动者必须依法参加社会保险，缴纳社会保险费。

劳动者在退休、患病、负伤、因工伤残或者患职业病、失业、生育的情形下，依法享受社会保险待遇。劳动者死亡后，其遗属依法享受遗属津贴。劳动者享受社会保险待遇的条件和标准由法律、法规规定。劳动者享受的社会保险金必须按时足额支付。

十、劳动争议

《劳动法》第十章对劳动争议的相关内容进行了规定。

用人单位与劳动者发生劳动争议，当事人可以依法申请调解、仲裁、提起诉讼，也可以协商解决。调解原则适用于仲裁和诉讼程序。解决劳动争议，应当根据合法、公正、及时处理的原则，依法维护劳动争议当事人的合法权益。

劳动争议发生后，当事人可以向本单位劳动争议调解委员会申请调解；调解不成，当事人一方要求仲裁的，可以向劳动争议仲裁委员会申请仲裁。当事人一方也可以直接向劳动争议仲裁委员会申请仲裁。对仲裁裁决不服的，可以向人民法院提起诉讼。

劳动争议当事人对仲裁裁决不服的，可以自收到仲裁裁决书之日起十五日内向人民法院提起诉讼。一方当事人在法定期限内不起诉又不履行仲裁裁决的，另一方当事人可以申请人民法院强制执行。

十一、其他

《劳动法》第十一章中明确规定，县级以上各级人民政府劳动行政部门依法对用人单位遵守劳动法律、法规的情况进行监督检查。

《劳动法》第十二章中规定了用人单位和劳动者在违反相关规定时应承担的法律责任。

培训项目 2 《中华人民共和国劳动合同法》相关知识

《中华人民共和国劳动合同法》（以下简称《劳动合同法》）于 2007 年 6 月 29 日在第十届全国人民代表大会常务委员会第二十八次会议上通过（自 2008 年 1 月 1 日起施行），后于 2012 年 12 月 28 日进行了修正（自 2013 年 7 月 1 日起施行）。

《劳动合同法》共八章九十八条，主要内容包括总则、劳动合同的订立、劳动合同的履行和变更、劳动合同的解除和终止、特别规定、监督检查、法律责任、附则。

一、总则

《劳动合同法》第一章为总则，主要明确了立法宗旨、适用范围、劳动合同的订立原则、用人单位规章制度等方面的规定。

1. 立法宗旨

为了完善劳动合同制度，明确劳动合同双方当事人的权利和义务，保护劳动者的合法权益，构建和发展和谐稳定的劳动关系，制定《劳动合同法》。

2. 适用范围

中华人民共和国境内的企业、个体经济组织、民办非企业单位等组织（以下统称用人单位），与劳动者建立劳动关系，订立、履行、变更、解除或者终止劳动合同，适用《劳动合同法》。国家机关、事业单位、社会团体和与其建立劳动关系的劳动者，订立、履行、变更、解除或者终止劳动合同，依照《劳动合同法》执行。

3. 劳动合同的订立原则

订立劳动合同，应当遵循合法、公平、平等自愿、协商一致、诚实信用的原则。依法订立的劳动合同具有约束力，用人单位与劳动者应当履行劳动合同约定的义务。

4. 用人单位规章制度

用人单位应当依法建立和完善劳动规章制度，保障劳动者享有劳动权利、履行劳动义务。用人单位在制定、修改或者决定有关劳动报酬、工作时间、休息休假、劳动安全卫生、保险福利、职工培训、劳动纪律以及劳动定额管理等直接涉及劳动者切身利益的规章制度或者重大事项时，应当经职工代表大会或者全体职工讨论，提出方案和意见，与工会或者职工代表平等协商确定。在规章制度和重大事项决定实施过程中，工会或者职工认为不适当的，有权向用人单位提出，通过协商予以修改完善。用人单位应当将直接涉及劳动者切身利益的规章制度和重大事项决定公示，或者告知劳动者。

二、劳动合同的订立

《劳动合同法》第二章明确了与劳动合同订立有关的规定。

1. 劳动合同订立的注意事项

用人单位自用工之日起即与劳动者建立劳动关系。用人单位招用劳动者时，应当如实告知劳动者工作内容、工作条件、工作地点、职业危害、安全生产状况、劳动报酬，以及劳动者要求了解的其他情况；用人单位有权了解劳动者与劳动合同直接相关的基本情况，劳动者应当如实说明。

用人单位招用劳动者，不得扣押劳动者的居民身份证和其他证件，不得要求劳动者提供担保或者以其他名义向劳动者收取财物。

建立劳动关系，应当订立书面劳动合同。已建立劳动关系，未同时订立书面劳动合同的，应当自用工之日起一个月内订立书面劳动合同。用人单位与劳动者在用工前订立劳动合同的，劳动关系自用工之日起建立。

用人单位未在用工的同时订立书面劳动合同，与劳动者约定的劳动报酬不明确的，新招用的劳动者的劳动报酬按照集体合同规定的标准执行；没有集体合同或者集体合同未规定的，实行同工同酬。

劳动合同由用人单位与劳动者协商一致，并经用人单位与劳动者在劳动合同文本上签字或者盖章生效。劳动合同文本由用人单位和劳动者各执一份。

2. 劳动合同的类别

劳动合同分为固定期限劳动合同、无固定期限劳动合同和以完成一定工作任务为期限的劳动合同。固定期限劳动合同是指用人单位与劳动者约定合同终止时间的劳动合同。无固定期限劳动合同是指用人单位与劳动者约定无确定终止时间的劳动合同。以完成一定工作任务为期限的劳动合同是指用人单位与劳动者约定以某项工作的完成为合同期限的劳动合同。

3. 劳动合同的必备条款

劳动合同应当具备以下条款：用人单位的名称、住所和法定代表人或者主要负责人，劳动者的姓名、住址和居民身份证或者其他有效身份证件号码，劳动合同期限，工作内容和工作地点，工作时间和休息休假，劳动报酬，社会保险，劳动保护、劳动条件和职业危害防护，法律、法规规定应当纳入劳动合同的其他事项。

劳动合同除前款规定的必备条款外，用人单位与劳动者可以约定试用期、培训、保守秘密、补充保险和福利待遇等其他事项。对于这些事项，法律不做强制性规定，由用人单位与劳动者选择是否在劳动合同中约定，劳动合同缺乏这些事项时不影响其法律效力。

4. 试用期

试用期是指对新录用的劳动者进行试用的期限。用人单位与劳动者可以在劳动合同中就试用期的期限和工资等事项进行约定，但不得违反有关试用期的规定。

劳动合同期限三个月以上不满一年的，试用期不得超过一个月；劳动合同期限一年以上不满三年的，试用期不得超过二个月；三年以上固定期限和无固定期限的劳动合同，试用期不得超过六个月。同一用人单位与同一劳动者只能约定一次试用期。以完成一定工作任务为期限的劳动合同或者劳动合同期限不满三个月的，不得约定试用期。试用期包含在劳动合同期限内。劳动合同仅约定试用期的，试用期不成立，该期限为劳动合同期限。

劳动者在试用期的工资不得低于本单位相同岗位最低档工资或者劳动合同约定工资的百分之八十，并不得低于用人单位所在地的最低工资标准。

在试用期中，除劳动者有本法规定的情形外，用人单位不得解除劳动合同。用人单位在试用期解除劳动合同的，应当向劳动者说明理由。

5. 劳动合同中的其他事项

（1）培训。这里的培训主要指职工培训，是指企业按照工作需要对职工进行的思想政治、职业道德、管理知识、技术业务、操作技能等方面的教育和训练活动。企业应建立、健全职工培训的规章制度，根据本单位的实际情况对职工进行在岗、转岗、晋升、转业培训，对新录用人员进行上岗前培训，并保证培训经费和其他培训条件。职工应按照国家规定和企业安排参加培训，自觉遵守培训的各项规章制度，服从单位工作安排，做好本职工作。

用人单位为劳动者提供专项培训费用，对其进行专业技术培训的，可以与该劳动者订立协议，约定服务期。

（2）保守秘密。用人单位与劳动者可以在劳动合同中约定保守用人单位的商业秘密和与知识产权有关的保密事项。例如，用人单位可以在劳动合同中就保守商业秘密等的具体内容、方式、时间等，与劳动者约定，防止自己的商业秘密等被侵占或泄露。

（3）补充保险。补充保险是指除了国家基本保险以外，用人单位根据自己的实际情况为劳动者建立的一类保险，它们用来满足劳动者高于基本保险的需求，包括补充医疗保险、补充养老保险等。

（4）福利待遇。随着市场经济的发展，用人单位给予劳动者的福利待遇也成为劳动者收入的重要指标之一。福利待遇包括住房补贴、通信补贴、交通补贴、子女教育补贴等。不同用人单位的福利待遇也不同，目前，福利待遇已成为劳动者就业择业的一个重要因素。

6. 无效的劳动合同

无效的劳动合同是指由当事人签订成立而国家不予承认其法律效力的劳动合同。下列劳动合同无效或者部分无效：以欺诈、胁迫的手段或者乘人之危，使对方在违背真实意思的情况下订立或者变更劳动合同的；用人单位免除自己的法定责任、排除劳动者的权利的；违反法律、行政法规强制性规定的。对劳动合同的无效或者部分无效有争议的，由劳动争议仲裁机构或者人民法院确认。

劳动合同部分无效，不影响其他部分效力的，其他部分仍然有效。劳动合同被确认无效，劳动者已付出劳动的，用人单位应当向劳动者支付劳动报酬。劳动报酬的数额，参照本单位相同或者相近岗位劳动者的劳动报酬确定。

三、劳动合同的履行和变更

《劳动合同法》第三章对劳动合同的履行和变更进行了明确规定。

1. 劳动合同的履行

用人单位与劳动者应当按照劳动合同的约定，全面履行各自的义务。用人单位应当按照劳动合同约定和国家规定，向劳动者及时足额发放劳动报酬。用人单位拖欠或者未足额支付劳动报酬的，劳动者可以依法向当地人民法院申请支付令，人民法院应当依法发出支付令。

用人单位应当严格执行劳动定额标准，不得强迫或者变相强迫劳动者加班。用人单位安排加班的，应当按照国家有关规定向劳动者支付加班费。

劳动者拒绝用人单位管理人员违章指挥、强令冒险作业的，不视为违反劳动合同。劳动者对危害生命安全和身体健康的劳动条件，有权对用人单位提出批评、检举和控告。

2. 劳动合同的变更

用人单位变更名称、法定代表人、主要负责人或者投资人等事项，不影响劳动合同的履行。用人单位发生合并或者分立等情况，原劳动合同继续有效，劳动合同由承继其权利和义务的用人单位继续履行。

用人单位与劳动者协商一致，可以变更劳动合同约定的内容。变更劳动合同，应当采用书面形式。变更后的劳动合同文本由用人单位和劳动者各执一份。

四、劳动合同的解除和终止

《劳动合同法》第四章对劳动合同的解除和终止进行了明确规定。

用人单位与劳动者协商一致，可以解除劳动合同。劳动者提前三十日以书面形式通知用人单位，可以解除劳动合同。劳动者在试用期内提前三日通知用人单位，可以解除劳动合同。

用人单位有下列情形之一的，劳动者可以解除劳动合同：未按照劳动合同约定提供劳动保护或者劳动条件的；未及时足额支付劳动报酬的；未依法为劳动者缴纳社会保险费的；用人单位的规章制度违反法律、法规的规定，损害劳动者权益的；因《劳动合同法》规定的相关情形致使劳动合同无效的；法律、行政法规规定劳动者可以解除劳动合同的其他情形。

用人单位以暴力、威胁或者非法限制人身自由的手段强迫劳动者劳动的，或者用人单位违章指挥、强令冒险作业危及劳动者人身安全的，劳动者可以立即解除劳动合同，不需事先告知用人单位。

劳动者有下列情形之一的，用人单位可以解除劳动合同：在试用期间被证明不符合录用条件的；严重违反用人单位的规章制度的；严重失职，营私舞弊，给用人单位造成重大损害的；劳动者同时与其他用人单位建立劳动关系，对完成本单位的工作任务造成严重影响，或者经用人单位提出，拒不改正的；因《劳动合同法》规定的相关情形致使劳动合同无效的；被依法追究刑事责任的。

有下列情形之一的，用人单位提前三十日以书面形式通知劳动者本人或者额外支付劳动者一个月工资后，可以解除劳动合同：劳动者患病或者非因工负伤，在规定的医疗期满后不能从事原工作，也不能从事由用人单位另行安排的工作的；劳动者不能胜任工作，经过培训或者调整工作岗位，仍不能胜任工作的；劳动合同订立时所依据的客观情况发生重大变化，致使劳动合同无法履行，经用人单位与劳动者协商，未能就变更劳动合同内容达成协议的。

劳动者有下列情形之一的，用人单位不得依照《劳动合同法》相关规定解除劳动合同：从事接触职业病危害作业的劳动者未进行离岗前职业健康检查，或者疑似职业病病人在诊断或者医学观察期间的；在本单位患职业病或者因工负伤并被确认丧失或者部分丧失劳动能力的；患病或者非因工负伤，在规定的医疗期内的；女职工在孕期、产期、哺乳期的；在本单位连续工作满十五年，且距法定退休年龄不足五年的；法律、行政法规规定的其他情形。

用人单位单方解除劳动合同，应当事先将理由通知工会。用人单位违反法律、行政法规规定或者劳动合同约定的，工会有权要求用人单位纠正。用人单位应当研究工会的意见，并将处理结果书面通知工会。

《劳动合同法》还规定了用人单位应当向劳动者支付经济补偿的相关情形。经济补偿按劳动者在本单位工作的年限，每满一年支付一个月工资的标准向劳动者支付。六个月以上不满一年的，按一年计算；不满六个月的，向劳动者支付半个月工资的经济补偿。劳动者月工资高于用人单位所在直辖市、设区的市级人民政府公布的本地区上年度职工月平均工资三倍的，向其支付经济补偿的标准按职工月平均工资三倍的数额支付，向其支付经济补偿的年限最高不超过十二年。

五、法律责任

《劳动合同法》第七章规定了用人单位、劳动者等违反《劳动合同法》规定，应承担的法律责任。

用人单位直接涉及劳动者切身利益的规章制度违反法律、法规规定的，由劳动行政部门责令改正，给予警告；给劳动者造成损害的，应当承担赔偿责任。

用人单位提供的劳动合同文本未载明《劳动合同法》规定的劳动合同必备条款或者用人单位未将劳动合同文本交付劳动者的，由劳动行政部门责令改正；给劳动者造成损害的，应当承担赔偿责任。

用人单位自用工之日起超过一个月不满一年未与劳动者订立书面劳动合同的，应当向劳动者每月支付二倍的工资。用人单位违反《劳动合同法》规定不与劳动者订立无固定期限劳动合同的，自应当订立无固定期限劳动合同之日起向劳动者每月支付二倍的工资。

用人单位违反《劳动合同法》规定与劳动者约定试用期的，由劳动行政部门责令改正；违法约定的试用期已经履行的，由用人单位以劳动者试用期满月工资为标准，按已经履行的超过法定试用期的期间向劳动者支付赔偿金。

用人单位违反《劳动合同法》规定，扣押劳动者居民身份证等证件的，由劳动行政部门责令限期退还劳动者本人，并依照有关法律规定给予处罚。用人单位违反《劳动合同法》规定，以担保或者其他名义向劳动者收取财物的，由劳动行政部门责令限期退还劳动者本人，并以每人五百元以上二千元以下的标准处以罚款；给劳动者造成损害的，应当承担赔偿责任。劳动者依法解除或者终止劳动合同，用人单位扣押劳动者档案或者其他物品的，依照本法相关规定处罚。

用人单位有下列情形之一的，由劳动行政部门责令限期支付劳动报酬、加班费或者经济补偿；劳动报酬低于当地最低工资标准的，应当支付其差额部分；逾期不支付的，责令用人单位按应付金额百分之五十以上百分之一百以下的标准向劳动者加付赔偿金：未按照劳动合同的约定或者国家规定及时足额支付劳动者劳动报酬的；低于当地最低工资标准支付劳动者工资的；安排加班不支付加班费的；解除或者终止劳动合同，未依照《劳动合同法》规定向劳动者支付经济补偿的。

劳动合同依照相关规定被确认无效，给对方造成损害的，有过错的一方应当承担赔偿责任。用人单位违反《劳动合同法》规定解除或者终止劳动合同的，应当依照本法相关规定的经济补偿标准的二倍向劳动者支付赔偿金。

用人单位有下列情形之一的，依法给予行政处罚；构成犯罪的，依法追究刑事责任；给劳动者造成损害的，应当承担赔偿责任：以暴力、威胁或者非法限制人身自由的手段强迫劳动的；违章指挥或者强令冒险作业危及劳动者人身安全的；侮辱、体罚、殴打、非法搜查或者拘禁劳动者的；劳动条件恶劣、环境污染严重，给劳动者身心健康造成严重损害的。

用人单位违反《劳动合同法》规定未向劳动者出具解除或者终止劳动合同的书面证明，由劳动行政部门责令改正；给劳动者造成损害的，应当承担赔偿责任。

劳动者违反《劳动合同法》规定解除劳动合同，或者违反劳动合同中约定的保密义务或者竞业限制，给用人单位造成损失的，应当承担赔偿责任。用人单位招用与其他用人单位尚未解除或者终止劳动合同的劳动者，给其他用人单位造成损失的，应当承担连带赔偿责任。

培训项目 3 《中华人民共和国环境保护法》相关知识

《中华人民共和国环境保护法》(以下简称《环境保护法》)于 1989 年 12 月 26 日在第七届全国人民代表大会常务委员会第十一次会议上通过(自 1989 年 12 月 26 日起施行),后于 2014 年 4 月 24 日进行了修订(自 2015 年 1 月 1 日起施行)。

《环境保护法》共七章七十条,主要内容包括总则、监督管理、保护和改善环境、防治污染和其他公害、信息公开和公众参与、法律责任、附则。

一、总则

《环境保护法》第一章为总则,主要明确了立法宗旨、适用范围、基本原则等方面的规定。保护环境是国家的基本国策。一切单位和个人都有保护环境的义务。每年 6 月 5 日为环境日。

1. 立法宗旨

为保护和改善环境,防治污染和其他公害,保障公众健康,促进生态文明建设,促进经济社会可持续发展,制定《环境保护法》。

2. 适用范围

《环境保护法》适用于中华人民共和国领域和中华人民共和国管辖的其他海域。

3. 基本原则

环境保护坚持保护优先、预防为主、综合治理、公众参与、损害担责的原则。

二、监督管理

《环境保护法》第二章明确了政府及有关部门在编制环境保护规划、建立和健全环境监测制度、依法进行环境影响评价等方面的监督管理职责。

县级以上人民政府应当将环境保护工作纳入国民经济和社会发展规划。国务院环境保护主管部门会同有关部门，根据国民经济和社会发展规划编制国家环境保护规划，报国务院批准并公布实施。县级以上地方人民政府环境保护主管部门会同有关部门，根据国家环境保护规划的要求，编制本行政区域的环境保护规划，报同级人民政府批准并公布实施。环境保护规划的内容应当包括生态保护和污染防治的目标、任务、保障措施等，并与主体功能区规划、土地利用总体规划和城乡规划等相衔接。

国家建立、健全环境监测制度。国务院环境保护主管部门制定监测规范，会同有关部门组织监测网络，统一规划国家环境质量监测站（点）的设置，建立监测数据共享机制，加强对环境监测的管理。

编制有关开发利用规划，建设对环境有影响的项目，应当依法进行环境影响评价。未依法进行环境影响评价的开发利用规划，不得组织实施；未依法进行环境影响评价的建设项目，不得开工建设。

三、保护和改善环境

《环境保护法》第三章对保护和改善环境进行了明确规定。

地方各级人民政府应当根据环境保护目标和治理任务，采取有效措施，改善环境质量。国家建立、健全生态保护补偿制度。国家加强对大气、水、土壤等的保护，建立和完善相应的调查、监测、评估和修复制度。

国家鼓励和引导公民、法人和其他组织使用有利于保护环境的产品和再生产品，减少废弃物的产生。公民应当遵守环境保护法律法规，配合实施环境保护措施，按照规定对生活废弃物进行分类放置，减少日常生活对环境造成的损害。

四、防治污染和其他公害

《环境保护法》第四章对防治污染和其他公害进行了明确规定。

国务院有关部门和地方各级人民政府应当采取措施，推广清洁能源的生产和使用。企业应当优先使用清洁能源，采用资源利用率高、污染物排放量少的工艺、设备以及废弃物综合利用技术和污染物无害化处理技术，减少污染物的产生。

建设项目中防治污染的设施，应当与主体工程同时设计、同时施工、同时投产使用。防治污染的设施应当符合经批准的环境影响评价文件的要求，不得擅自拆除或者闲置。

排放污染物的企业事业单位和其他生产经营者，应当采取措施，防治在生产建设或者其他活动中产生的废气、废水、废渣、医疗废物、粉尘、恶臭气体、放射性物质以及噪声、振动、光辐射、电磁辐射等对环境的污染和危害。

排放污染物的企业事业单位，应当建立环境保护责任制度，明确单位负责人和相关人员的责任。重点排污单位应当按照国家有关规定和监测规范安装使用监测设备，保证监测设备正常运行，保存原始监测记录。严禁通过暗管、渗井、渗坑、灌注或者篡改、伪造监测数据，或者不正常运行防治污染设施等逃避监管的方式违法排放污染物。

排放污染物的企业事业单位和其他生产经营者，应当按照国家有关规定缴纳排污费。排污费应当全部专项用于环境污染防治，任何单位和个人不得截留、挤占或者挪作他用。

国家依照法律规定实行排污许可管理制度。实行排污许可管理的企业事业单位和其他生产经营者应当按照排污许可证的要求排放污染物；未取得排污许可证的，不得排放污染物。

国家对严重污染环境的工艺、设备和产品实行淘汰制度。任何单位和个人不得生产、销售或者转移、使用严重污染环境的工艺、设备和产品。禁止引进不符合我国环境保护规定的技术、设备、材料和产品。

各级人民政府及其有关部门和企业事业单位，应当依照《中华人民共和国突发事件应对法》的规定，做好突发环境事件的风险控制、应急准备、应急处置和事后恢复等工作。县级以上人民政府应当建立环境污染公共监测预警机制，组织制定预警方案；环境受到污染，可能影响公众健康和环境安全时，依法及时公布预警信息，启动应急措施。

企业事业单位应当按照国家有关规定制定突发环境事件应急预案，报环境保护主管部门和有关部门备案。在发生或者可能发生突发环境事件时，企业事业单位应当立即采取措施处理，及时通报可能受到危害的单位和居民，并向环境保护主管部门和有关部门报告。

五、信息公开和公众参与

《环境保护法》第五章对信息公开和公众参与进行了明确规定。

公民、法人和其他组织依法享有获取环境信息、参与和监督环境保护的权利。各级人民政府环境保护主管部门和其他负有环境保护监督管理职责的部门，应当依法公开环境信息、完善公众参与程序，为公民、法人和其他组织参与和监督环境保护提供便利。

重点排污单位应当如实向社会公开其主要污染物的名称、排放方式、排放浓度和总量、超标排放情况，以及防治污染设施的建设和运行情况，接受社会监督。

对依法应当编制环境影响报告书的建设项目，建设单位应当在编制时向可能受影响的公众说明情况，充分征求意见。

六、法律责任

《环境保护法》第六章规定了企业事业单位和其他生产经营者的法律责任，也对各级人民政府及其环境保护主管部门的法律责任进行了规定。

企业事业单位和其他生产经营者违法排放污染物，受到罚款处罚，被责令改正，拒不改正的，依法作出处罚决定的行政机关可以自责令改正之日的次日起，按照原处罚数额按日连续处罚。

企业事业单位和其他生产经营者超过污染物排放标准或者超过重点污染物排放总量控制指标排放污染物的，县级以上人民政府环境保护主管部门可以责令其采取限制生产、停产整治等措施；情节严重的，报经有批准权的人民政府批准，责令停业、关闭。

建设单位未依法提交建设项目环境影响评价文件或者环境影响评价文件未经批准，擅自开工建设的，由负有环境保护监督管理职责的部门责令停止建设，处以罚款，并可以责令恢复原状。

违反《环境保护法》规定，重点排污单位不公开或者不如实公开环境信息的，由县级以上地方人民政府环境保护主管部门责令公开，处以罚款，并予以公告。

企业事业单位和其他生产经营者有下列行为之一，尚不构成犯罪的，除依照有关法律法规规定予以处罚外，由县级以上人民政府环境保护主管部门或者其他有关部门将案件移送公安机关，对其直接负责的主管人员和其他直接责任人员，处十日以上十五日以下拘留；情节较轻的，处五日以上十日以下拘留：建设项目未依法进行环境影响评价，被责令停止建设，拒不执行的；违反法律规定，未取得排污许可证排放污染物，被责令停止排污，拒不执行的；通过暗管、渗井、渗坑、灌注或者篡改、伪造监测数据，或者不正常运行防治污染设施等逃避监管的方式违法排放污染物的；生产、使用国家明令禁止生产、使用的农药，被责令改正，拒不改正的。

因污染环境和破坏生态造成损害的，应当依照《中华人民共和国侵权责任法》的有关规定承担侵权责任。

违反《环境保护法》规定，构成犯罪的，依法追究刑事责任。

培训项目 4 《中华人民共和国安全生产法》相关知识

《中华人民共和国安全生产法》（以下简称《安全生产法》）于 2002 年 6 月 29 日在第九届全国人民代表大会常务委员会第二十八次会议上通过（自 2002 年 11 月 1 日起施行），后于 2009 年 8 月 27 日、2014 年 8 月 31 日、2021 年 6 月 10 日进行了三次修正（自 2021 年 9 月 1 日起施行）。

《安全生产法》共七章一百一十九条，主要内容包括总则、生产经营单位的安全生产保障、从业人员的安全生产权利义务、安全生产的监督管理、生产安全事故的应急救援与调查处理、法律责任、附则。

一、总则

《安全生产法》第一章为总则，主要明确了立法宗旨、适用范围、安全生产管理方针、相关责任等方面的规定。

1. 立法宗旨

为了加强安全生产工作，防止和减少生产安全事故，保障人民群众生命和财产安全，促进经济社会持续健康发展，制定《安全生产法》。

2. 适用范围

在中华人民共和国领域内从事生产经营活动的单位（以下统称生产经营单位）的安全生产，适用《安全生产法》；有关法律、行政法规对消防安全和道路交通安全、铁路交通安全、水上交通安全、民用航空安全以及核与辐射安全、特种设备安全另有规定的，适用其规定。

3. 安全生产管理方针

安全生产工作坚持中国共产党的领导。安全生产工作应当以人为本，坚持人民至上、生命至上，把保护人民生命安全摆在首位，树牢安全发展理念，坚持安全第一、预防为主、综合治理的方针，从源头上防范化解重大安全风险。

安全生产工作实行管行业必须管安全、管业务必须管安全、管生产经营必须管安全，强化和落实生产经营单位主体责任与政府监管责任，建立生产经营单位负责、职工参与、政府监管、行业自律和社会监督的机制。

4. 相关责任

生产经营单位必须遵守《安全生产法》和其他有关安全生产的法律、法规，加强安全生产管理，建立健全全员安全生产责任制和安全生产规章制度，加大对安全生产资金、物资、技术、人员的投入保障力度，改善安全生产条件，加强安全生产标准化、信息化建设，构建安全风险分级管控和隐患排查治理双重预防机制，健全风险防范化解机制，提高安全生产水平，确保安全生产。平台经济等新兴行业、领域的生产经营单位应当根据本行业、领域的特点，建立健全并落实全员安全生产责任制，加强从业人员安全生产教育和培训，履行《安全生产法》和其他法律、法规规定的有关安全生产义务。

生产经营单位的主要负责人是本单位安全生产第一责任人，对本单位的安全生产工作全面负责。其他负责人对职责范围内的安全生产工作负责。生产经营单位的从业人员有依法获得安全生产保障的权利，并应当依法履行安全生产方面的义务。工会依法对安全生产工作进行监督。

国务院和县级以上地方各级人民政府应当根据国民经济和社会发展规划制定安全生产规划，并组织实施。

国务院和县级以上地方各级人民政府应当加强对安全生产工作的领导，建立健全安全生产工作协调机制，支持、督促各有关部门依法履行安全生产监督管理职责，及时协调、解决安全生产监督管理中存在的重大问题。

国务院应急管理部门依照《安全生产法》，对全国安全生产工作实施综合监督管理；县级以上地方各级人民政府应急管理部门依照《安全生产法》，对本行政区域内安全生产工作实施综合监督管理。

国务院交通运输、住房和城乡建设、水利、民航等有关部门依照《安全生产法》和其他有关法律、行政法规的规定，在各自的职责范围内对有关行业、领域的安全生产工作实施监督管理；县级以上地方各级人民政府有关部门依照《安全生产法》和其他有关法律、法规的规定，在各自的职责范围内对有关行业、领域的安全生产工作实施监督管理。对新兴行业、领域的安全生产监督管理职责不明确的，由县级以上地方各级人民政府按照业务相近的原则确定监督管理部门。

应急管理部门和对有关行业、领域的安全生产工作实施监督管理的部门，统称负有安全生产监督管理职责的部门。负有安全生产监督管理职责的部门应当相互配合、齐抓共管、信息共享、资源共用，依法加强安全生产监督管理工作。

国务院有关部门应当按照保障安全生产的要求，依法及时制定有关的国家标准或者行业标准，并根据科技进步和经济发展适时修订。生产经营单位必须执行依法制定的保障安全生产的国家标准或者行业标准。

各级人民政府及其有关部门应当采取多种形式，加强对有关安全生产的法律、法规和安全生产知识的宣传，增强全社会的安全生产意识。有关协会组织依照法律、行政法规和章程，为生产经营单位提供安全生产方面的信息、培训等服务，发挥自律作用，促进生产经营单位加强安全生产管理。

依法设立的为安全生产提供技术、管理服务的机构，依照法律、行政法规和执业准则，接受生产经营单位的委托为其安全生产工作提供技术、管理服务。生产经营单位委托《安全生产法》规定的机构提供安全生产技术、管理服务的，保证安全生产的责任仍由本单位负责。

国家实行生产安全事故责任追究制度，依照《安全生产法》和有关法律、法规的规定，追究生产安全事故责任人员的法律责任。

县级以上各级人民政府应当组织负有安全生产监督管理职责的部门依法编制安全生产权力和责任清单，公开并接受社会监督。

国家鼓励和支持安全生产科学技术研究和安全生产先进技术的推广应用，提高安全生产水平。国家对在改善安全生产条件、防止生产安全事故、参加抢险救护等方面取得显著成绩的单位和个人，给予奖励。

二、生产经营单位的安全生产保障

《安全生产法》第二章明确了生产经营单位的安全生产责任。

生产经营单位应当具备《安全生产法》和有关法律、行政法规和国家标准或者行业标准规定的安全生产条件；不具备安全生产条件的，不得从事生产经营活动。

生产经营单位的主要负责人对本单位安全生产工作负有下列职责：建立健全并落实本单位全员安全生产责任制，加强安全生产标准化建设；组织制定并实施本单位安全生产规章制度和操作规程；组织制定并实施本单位安全生产教育和培训计划；保证本单位安全生产投入的有效实施；组织建立并落实安全风险分级管控和隐患排查治理双重预防工作机制，督促、检查本单位的安全生产工作，及时消除生产安全事故隐患；组织制定并实施本单位的生产安全事故应急救援预案；及时、如实报告生产安全事故。

生产经营单位的安全生产管理机构以及安全生产管理人员履行下列职责：组织或者参与拟订本单位安全生产规章制度、操作规程和生产安全事故应急救援预案；组织或者参与本单位安全生产教育和培训，如实记录安全生产教育和培训情况；组织开展危险源辨识和评估，督促落实本单位重大危险源的安全管理措施；组织或者参与本单位应急救援演练；检查本单位的安全生产状况，及时排查生产安全事故隐患，提出改进安全生产管理的建议；制止和纠正违章指挥、强令冒险作业、违反操作规程的行为；督促落实本单位安全生产整改措施。

三、从业人员的安全生产权利义务

生产经营单位的从业人员有依法获得安全生产保障的权利，并应当依法履行安全生产方面的义务。《安全生产法》第三章对从业人员的安全生产权利和义务进行了明确规定，为保障从业人员的合法权益提供了法律依据。

1. 从业人员的安全生产权利

《安全生产法》规定了从业人员必须享有的、有关安全生产和人身安全的最重要、最基本的权利。

生产经营单位与从业人员订立的劳动合同，应当载明有关保障从业人员劳动安全、防止职业危害的事项，以及依法为从业人员办理工伤保险的事项。生产经营单位不得以任何形式与从业人员订立协议，免除或者减轻其对从业人员因生产安全事故伤亡依法应承担的责任。

生产经营单位的从业人员有权了解其作业场所和工作岗位存在的危险因素、防范措施及事故应急措施，有权对本单位的安全生产工作提出建议。从业人员有权对本单位安全生产工作中存在的问题提出批评、检举、控告；有权拒绝违章指挥和强令冒险作业。生产经营单位不得因从业人员对本单位安全生产工作提出批评、检举、控告或者拒绝违章指挥、强令冒险作业而降低其工资、福利等待遇或者解除与其订立的劳动合同。

从业人员发现直接危及人身安全的紧急情况时，有权停止作业或者在采取可能的应急措施后撤离作业场所。生产经营单位不得因从业人员在前款紧急情况下停止作业或者采取紧急撤离措施而降低其工资、福利等待遇或者解除与其订立的劳动合同。

生产经营单位发生生产安全事故后，应当及时采取措施救治有关人员。因生产安全事故受到损害的从业人员，除依法享有工伤保险外，依照有关民事法律尚有获得赔偿的权利的，有权提出赔偿要求。

2. 从业人员的安全生产义务

《安全生产法》不但赋予了从业人员安全生产权利，也规定了其必须承担的法律义务和法律责任。

从业人员在作业过程中，应当严格落实岗位安全责任，遵守本单位的安全生产规章制度和操作规程，服从管理，正确佩戴和使用劳动防护用品。

从业人员应当接受安全生产教育和培训，掌握本职工作所需的安全生产知识，提高安全生产技能，增强事故预防和应急处理能力。

从业人员发现事故隐患或者其他不安全因素，应当立即向现场安全生产管理人员或者本单位负责人报告；接到报告的人员应当及时予以处理。

思　考　题

1.《劳动法》规定的劳动者权利和义务有哪些？

2.《劳动法》对工作时间和休假的规定主要有哪些？

3.《劳动法》对女职工和未成年工有哪些特殊保护？

4. 订立劳动合同应遵循哪些原则？劳动合同应具备哪些必备条款？

5. 什么是无效的劳动合同？

6. 劳动者可以解除劳动合同的法定情形有哪些？

7. 用人单位可以解除劳动合同的法定情形有哪些？

8.《环境保护法》的立法宗旨是什么？环境保护的基本原则是什么？

9.《安全生产法》的立法宗旨是什么？

10. 从业人员的安全生产权利和义务有哪些？